AutoCAD
模块化教程

徐丽平 编著

中国石油大学出版社
CHINA UNIVERSITY OF PETROLEUM PRESS

图书在版编目（CIP）数据

AutoCAD 模块化教程 / 徐丽平编著 . 一东营：中国
石油大学出版社，2018.8
ISBN 978-7-5636-6058-2

Ⅰ．①A… Ⅱ．①徐… Ⅲ．① AutoCAD 软件－教材
Ⅳ．① TP391.72

中国版本图书馆 CIP 数据核字（2018）第 179982 号

书　　名：AutoCAD 模块化教程
　　　　　AutoCAD MOKUAIHUA JIAOCHENG
编　　著：徐丽平

责任编辑：魏　瑾
封面设计：赵志勇

出 版 者：中国石油大学出版社
　　　　　（地址：山东省青岛市黄岛区长江西路 66 号　邮编：266580）
网　　址：http://www.uppbook.com.cn
电子邮箱：weicbs@163.com
排 版 者：青岛汇英栋梁文化传媒有限公司
印 刷 者：沂南县汶凤印刷有限公司
发 行 者：中国石油大学出版社（电话　0532－86983437）
开　　本：185 mm × 260 mm
印　　张：11
字　　数：282 千
版 印 次：2018 年 8 月第 1 版　2018 年 8 月第 1 次印刷
书　　号：ISBN 978-7-5636-6058-2
印　　数：1—1 300 册
定　　价：30.60 元

AutoCAD 软件是由美国 Autodesk 公司开发的通用计算机辅助设计（CAD）软件，具有易于掌握、使用方便、体系结构开放等特点，深受广大工程技术人员的欢迎。该软件自 1982 年推出以来，经过多次版本升级，性能日趋完善，广泛应用于机械、电子、建筑、航天、气象、轻工业等众多领域，成为工程设计领域应用最为广泛的计算机辅助设计软件之一。

AutoCAD 2012 界面友好、功能强大，能够快捷地绘制二维与三维图形、渲染图形、标注图形尺寸和打印输出图纸等，其优化的界面使用户更易找到常用命令，并且以更少的命令更快地完成常规 CAD 的烦琐任务，还能帮助新用户尽快熟悉并使用软件。

本书以模块为主题，将整个绘图和设计过程贯穿全书，详细介绍 AutoCAD 2012 中文版的新功能和各种基本操作方法与技巧，以及在设计过程中所用到的命令和技巧，内容全面，层次分明，脉络清晰，可培养读者对 AutoCAD 的实际应用能力。

由于编者水平有限，书中难免存在错误和不足之处，衷心希望读者批评指正。

作 者

2018 年 3 月

目 录 Contents

模块一

AutoCAD 2012 基础知识

📖 知识目标

1. 掌握 AutoCAD 2012 的启动与退出方法,并熟悉 AutoCAD 2012 的用户界面;

2. 掌握 AutoCAD 2012 用户界面的功能及操作。

◎ 技能目标

1. 掌握 AutoCAD 2012 文件的新建、打开、保存、关闭操作;

2. 掌握设置工作环境和定制工具栏的基本操作,能设置个性化的用户界面。

✍ 情境一　AutoCAD 2012 概述

一、AutoCAD 2012 的主要功能

AutoCAD 是由美国 Autodesk 公司开发的通用计算机辅助设计软件,具有易于掌握、使用方便、体系结构开放等特点,深受广大工程技术人员的欢迎。AutoCAD 自 1982 年问世以来,功能逐渐强大,且日趋完善。如今,AutoCAD 已广泛应用于机械、建筑、电子、航天、造船、石油化工、土木工程、冶金、农业、气象、轻工业等领域。在中国,AutoCAD 已成为工程设计领域中应用最为广泛的计算机辅助设计软件之一。

AutoCAD 2012 的主要功能有:二维绘图与编辑、创建表格、文字标注、尺寸标注、参数化绘图、三维绘图与编辑、视图显示控制、数据库管理、Internet 功能、图形的输入与输出、图纸管理。

与之前版本相比,AutoCAD 2012 除在图形处理等方面的功能有所增强外,一个最显著的特征是增加了参数化绘图功能。用户可以对图形对象建立几何约束,以保证图形对象之间有准确的位置关系,如平行、垂直、相切、同心、对称等关系。此外,还可以建立尺寸约束,通过该约束,既可以锁定对象,使其大小保持固定,也可以通过修改尺寸值来改变所约束对象的大小。

二、AutoCAD 2012 的安装、启动与退出

1. 安装 AutoCAD 2012

AutoCAD 2012 软件以光盘形式提供,光盘中有名为"SETUP.EXE"的安装文件。执行"SETUP.EXE"文件,根据弹出的窗口操作即可。

1

2. 启动 AutoCAD 2012

安装 AutoCAD 2012 后，系统会自动在 Windows 桌面上生成对应的快捷方式。

方法一：双击桌面上的"AutoCAD 2012"快捷方式图标 ，即可启动 AutoCAD 2012。

方法二：通过 Windows 任务栏按钮等启动 AutoCAD 2012。单击"开始"按钮 |"程序"|"Autodesk"|"AutoCAD 2012-Simplified Chinese"|"AutoCAD 2012"。

3. 退出 AutoCAD 2012

方法一：单击"关闭"按钮。

方法二：单击"文件"图标 |"关闭"|"退出 AutoCAD 2012"，如图 1-1 所示。

图 1-1 "文件"菜单退出 AutoCAD 2012

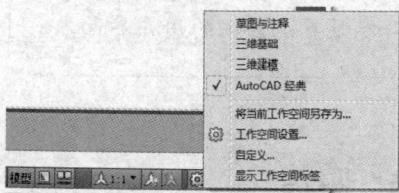

三、AutoCAD 2012 的工作空间

AutoCAD 2012 有四个预设的工作空间，可由窗口右下角的按钮切换，如图 1-2 所示。"草图与注释"工作空间、"三维基础"工作空间、"三维建模"工作空间分别如图 1-3、图 1-4、图 1-5 所示。

图 1-2 切换工作空间

图 1-3 "草图与注释"工作空间

图 1-4 "三维基础"工作空间

图 1-5 "三维建模"工作空间

"AutoCAD 经典"工作空间界面由标题栏、菜单栏、工具栏、绘图窗口、光标、坐标系图标、命令窗口、状态栏、"模型／布局"选项卡、滚动条和菜单浏览器等组成,如图 1-6 所示。

(1)标题栏。

标题栏用于显示 AutoCAD 2012 的程序图标以及当前所操作图形文件的名称,如图 1-7 所示。

(2)菜单栏。

菜单栏是主菜单,可利用其执行 AutoCAD 的大部分命令。单击菜单栏中的某一项,会弹出相应的下拉菜单。图 1-8 所示为菜单栏,图 1-9 所示为"视图"下拉菜单。

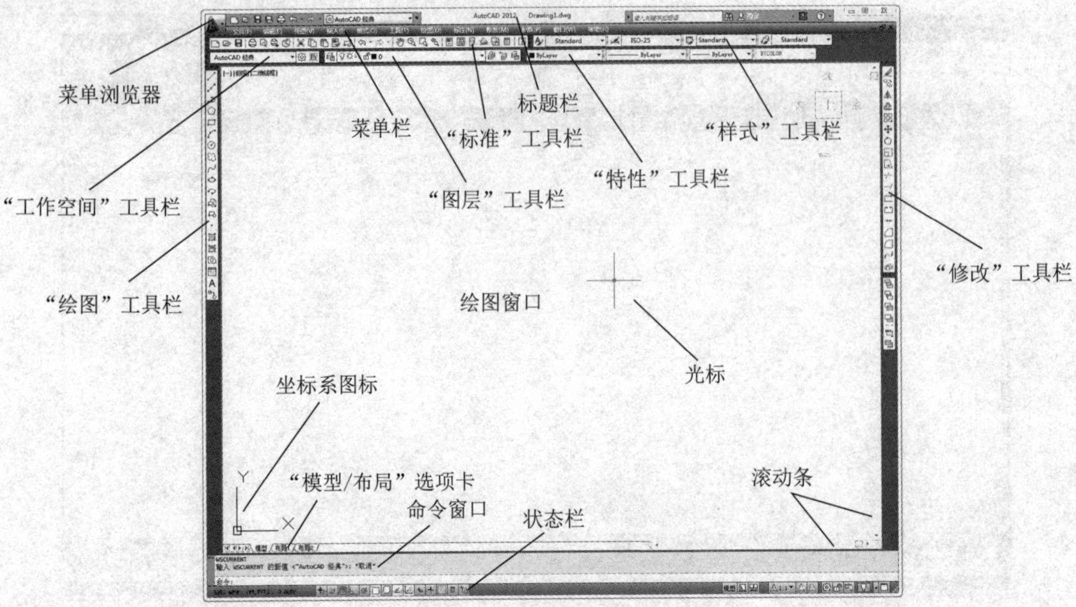

菜单浏览器

菜单栏
标题栏
"标准"工具栏
"样式"工具栏

"图层"工具栏
"特性"工具栏

"工作空间"工具栏

"修改"工具栏

"绘图"工具栏
绘图窗口
光标

坐标系图标

"模型/布局"选项卡
滚动条
命令窗口
状态栏

图 1-6 "AutoCAD 经典"工作空间

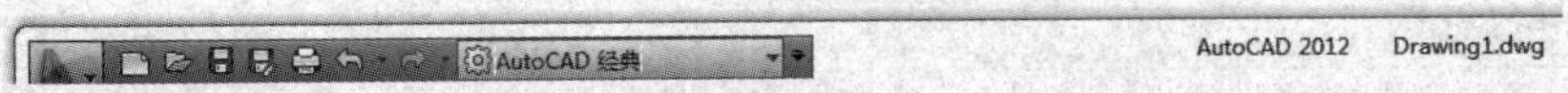

图 1-7 标题栏

图 1-8 菜单栏

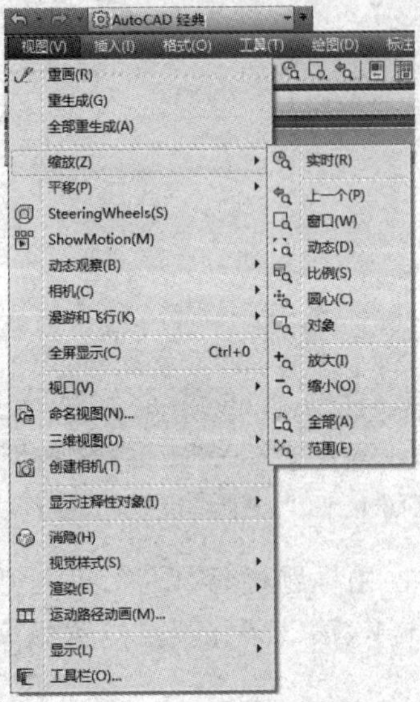

图 1-9 "视图"下拉菜单

（3）工具栏。

AutoCAD 2012 提供了 40 多个工具栏，每一个工具栏上均有一些形象化的按钮。单击某一按钮，可以启动 AutoCAD 的对应命令。

用户可以根据需要打开或关闭任意一个工具栏。方法是：在已有工具栏上右击，AutoCAD

弹出工具栏快捷菜单,通过其可实现工具栏的打开与关闭。此外,通过选择"工具"|"工具栏"|"AutoCAD"子菜单命令,也可以打开 AutoCAD 的各工具栏,如图 1-10 所示。

(4)绘图窗口。

绘图窗口类似于手工绘图时的图纸,是用户用 AutoCAD 2012 绘图并显示所绘图形的区域。打开栅格的绘图窗口如图 1-11 所示。

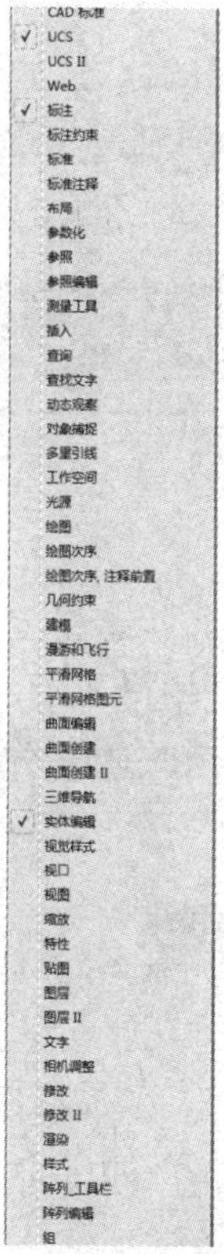

图 1-10 工具栏

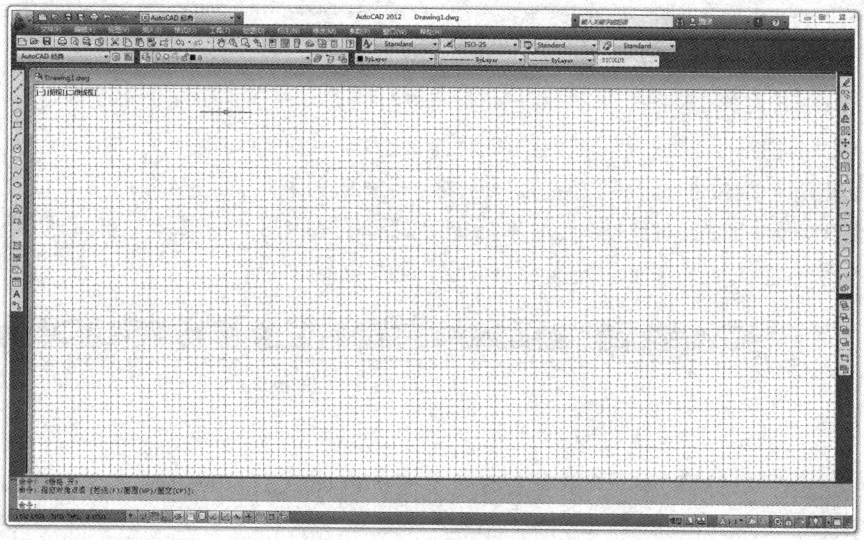

图 1-11 绘图窗口

(5)光标。

当光标位于 AutoCAD 2012 的绘图窗口时为十字形状,所以又称其为十字光标。十字线的交点处为光标的当前位置。AutoCAD 2012 的光标用于绘图、选择对象等操作。图 1-12 所示是关闭栅格的绘图窗口,十字光标在绘图窗口中间。

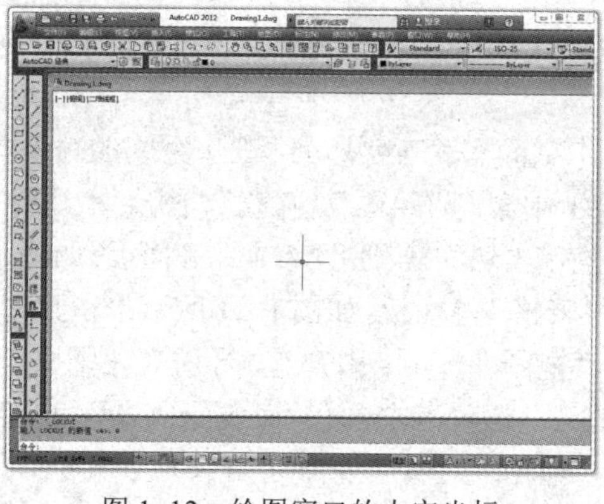

图 1-12 绘图窗口的十字光标

（6）坐标系图标。

坐标系图标通常位于绘图窗口的左下角，如图 1-13 所示，表示当前绘图所使用的坐标系的形式以及坐标方向等。AutoCAD 2012 提供世界坐标系（World Coordinate System，WCS）和用户坐标系（User Coordinate System，UCS）两种坐标系。世界坐标系为默认坐标系。

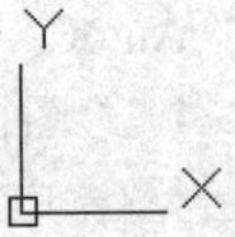

图 1-13　坐标系图标

（7）命令窗口。

命令窗口是 AutoCAD 2012 显示用户从键盘键入的命令和 AutoCAD 提示信息的地方，如图 1-14 所示。默认情况下，AutoCAD 2012 在命令窗口保留最后三行所执行的命令或提示信息。用户可以通过拖动窗口边框的方式改变命令窗口的大小，使其显示多于 3 行或少于 3 行的信息。

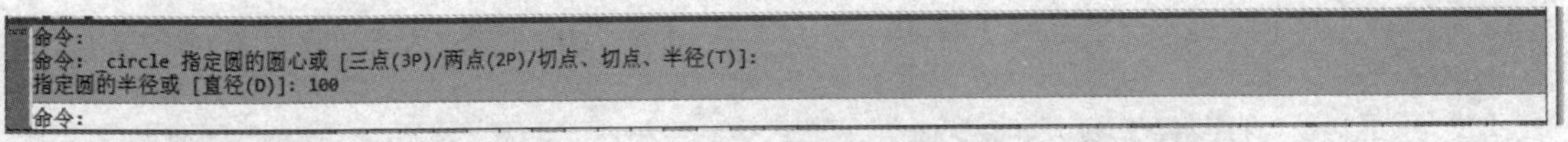

```
命令:
命令: _circle 指定圆的圆心或 [三点(3P)/两点(2P)/切点、切点、半径(T)]:
指定圆的半径或 [直径(D)]: 100
命令:
```

图 1-14　命令窗口

（8）状态栏。

状态栏用于显示或设置当前的绘图状态，在命令窗口左下方，如图 1-15 所示。状态栏上位于左侧的一组数字反映当前光标的坐标，其余按钮表示当前是否启用了捕捉模式、栅格显示、正交模式、极轴追踪、对象捕捉、对象捕捉追踪、动态 UCS（用鼠标左键双击，可打开或关闭）、动态输入等功能以及是否显示线宽、当前的绘图空间等信息。

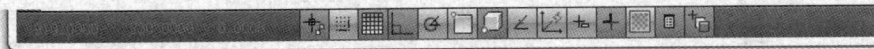

图 1-15　状态栏

（9）"模型／布局"选项卡。

"模型／布局"选项卡用于实现模型空间与图纸空间的切换，在命令窗口左下方，如图 1-16 所示。

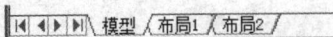

图 1-16　"模型／布局"选项卡

（10）滚动条。

利用水平或垂直滚动条，可以使图纸沿水平或垂直方向移动，即平移绘图窗口中显示的内容。

（11）菜单浏览器。

单击菜单浏览器，AutoCAD 2012 会将浏览器展开，如图 1-17 所示。用户可通过菜单浏览器执行相应的操作。

另外，"草图与注释"工作空间和"三维基础"工作空间的菜单栏下方有各种选项卡，比如：如图 1-18 所示，"常用"选项卡中含有"绘图""修改""图层""注释""块""特性"等面板；如图 1-19 所示，"插入"选项卡中含有"块""属性""参照"等面板；如图 1-20 所示，"注释"选项卡中含有"文字""标注""引线""表格"等面板；如图 1-21 所示，"参数化"选项卡中含有"几何""标注"等面板；如图 1-22 所示，"视图"选项卡中含有"导航""视图""坐标""视口""选项板""窗口"面板；如图 1-23 所示，"管理"选项卡中含有"动作录制器""自定义设置""应用程序""CAD标准"面板；如图 1-24 所示，"输出"选项卡中含有"打印""输出为 DWF/PDF"等面板。

图 1-17 菜单浏览器

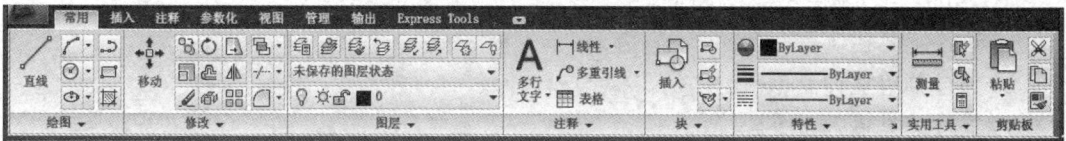

图 1-18 "常用"选项卡

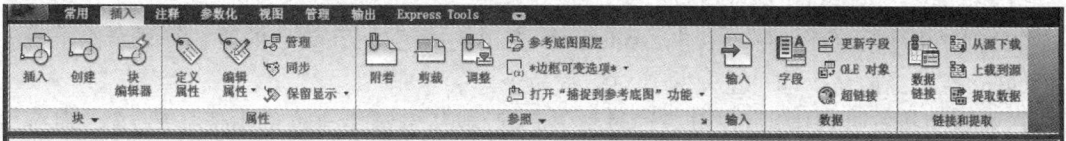

图 1-19 "插入"选项卡

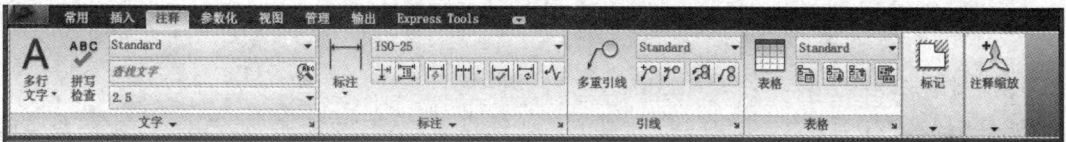

图 1-20 "注释"选项卡

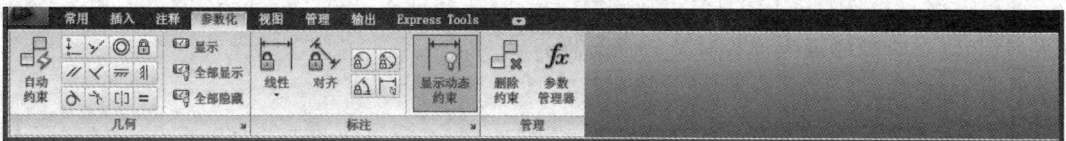

图 1-21 "参数化"选项卡

图 1-22 "视图"选项卡

图 1-23 "管理"选项卡

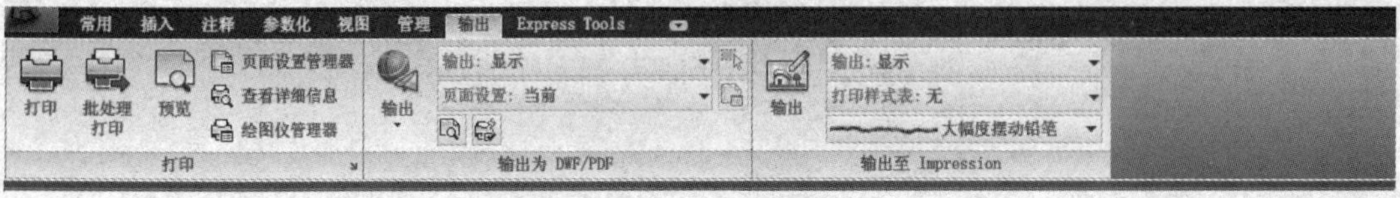

图 1-24 "输出"选项卡

情境二 AutoCAD 2012 基本操作

执行 AutoCAD 命令的方法如下：

（1）通过工具栏执行命令；

（2）通过菜单执行命令；

（3）通过键盘输入命令。

重复执行 AutoCAD 命令的方法如下：

（1）按键盘上的 Enter 键或 Space 键；

（2）使光标位于绘图窗口，右击，AutoCAD 弹出快捷菜单，在菜单的第一行显示出上一次所执行的命令，选择此命令即可重复执行对应的命令。

在命令的执行过程中，用户可以通过按 Esc 键，或从右键快捷菜单中选择"取消"命令中止 AutoCAD 命令的执行。

一、图形文件管理

1. 创建新图形

单击"标准"工具栏上的"新建"按钮 □，或选择"文件"|"新建"菜单命令，或在命令窗口中输入"NEW"命令，AutoCAD 2012 弹出"选择样板"对话框，如图 1-25 所示。

通过此对话框选择对应的样板后（初学者一般选择样板文件"acadiso"即可），单击"打开"按钮，就会以对应的样板为模板建立一个新图形。

2. 打开图形

单击"标准"工具栏上的"打开"按钮 ☞，或选择"文件"|"打开"菜单命令，或在命令窗口中输入"OPEN"命令，AutoCAD 2012 弹出与图 1-25 类似的"选择文件"对话框，可通过此对话框确定要打开的文件并打开它。

3. 保存图形

（1）用"QSAVE"命令保存图形。

单击"标准"工具栏上的"保存"按钮 █，或选择"文件"|"保存"菜单命令，或在命令窗口中输入"QSAVE"命令，如果当前图形没有被命名保存过，则 AutoCAD 2012 会弹出"图形另存

为"对话框。通过该对话框指定文件的保存位置及名称后,单击"保存"按钮,即可实现保存。

如果执行"QSAVE"命令前已对当前绘制的图形命名保存过,那么执行"QSAVE"命令后,AutoCAD 2012 将直接以原文件名保存图形,不再要求用户指定文件的保存位置和文件名。

(2)用"SAVEAS"命令自命名存盘。

自命名存盘是指将当前绘制的图形以新文件名存盘。执行"SAVEAS"命令,AutoCAD 弹出"图形另存为"对话框,要求用户确定文件的保存位置及文件名,用户响应即可。

图 1-25 "选择样板"对话框

二、确定坐标系

1. 绝对坐标

(1)直角坐标。

直角坐标用点的 X、Y、Z 坐标值表示该点,且各坐标值之间要用逗号隔开,例如:"20, 30, 40"。

(2)极坐标。

极坐标是通过相对于极点的距离和角度来定义的。在系统默认情况下,AutoCAD 2012 以逆时针来测量角度。水平向右为 0°(或 360°),垂直向上为 90°,水平向左为 180°,垂直向下为 270°。

绝对极坐标均以原点作为极点。用户可以输入一个长度距离和一个角度,距离和角度之间用"<"号隔开。例如:"100 < 60"表示该点距离上一极点的极长为 100 个图形单位,该点的连线与水平方向之间的夹角为 60°。

(3)球坐标。

球坐标用于确定三维空间的点,它用三个参数表示一个点,即空间点与坐标系原点的距离 L、坐标系原点与空间点的连线在 XY 平面上的投影与 X 轴正方向的夹角(简称在 XY 平面内与 X 轴的夹角)α、坐标系原点与空间点的连线同 XY 平面的夹角(简称与 XY 平面的夹角)β,各参数之间用符号"<"隔开,即"$L < \alpha < \beta$"。例如:"150 < 45 < 35"表示一个点的球坐标,各参数的含义如图 1-26 所示。

(4)柱坐标。

柱坐标也是通过三个参数描述一点,即该点在 XY 平面上的投影与当前坐标系原点的距离 ρ、坐标系原点与该点的连线在 XY 平面上的投影同 X 轴正方向的夹角 α 以及该点的 Z 坐标值。距离与角度之间要用符号"<"隔开,而角度与 Z 坐标值之间要用逗号隔开,即"$\rho < \alpha, z$"。

例如:"100 < 45, 85"表示一个点的柱坐标,各参数的含义如图 1-27 所示。

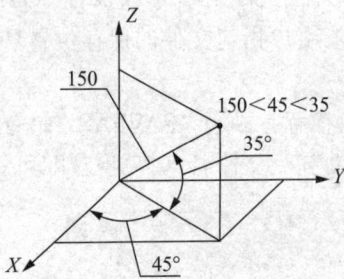

图 1-26 球坐标

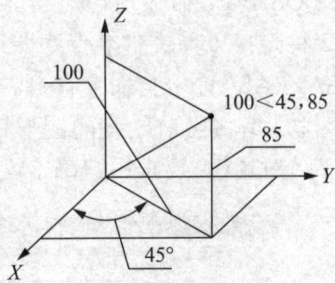

图 1-27 柱坐标

2. 相对坐标

相对坐标是指相对于前一坐标点的坐标。相对坐标也有直接坐标、极坐标、球坐标和柱坐标四种形式,其输入格式与绝对坐标相同,但要在输入的坐标前加前缀"@"。例如:二维绘图时,如果前一点的坐标为"30, 40",下一点的相对坐标为"@5, 8",则该点的绝对坐标为"35, 48"。

三、绘图基本设置与操作

1. 设置图形界限

设置图形界限类似于手工绘图时选择绘图图纸的大小,但具有更大的灵活性。

选择"格式"|"图形界限"菜单命令,或在命令窗口中输入"LIMITS"命令,AutoCAD 提示:

指定左下角点或 [开(ON)/ 关(OFF)] < 0.0000, 0.0000 >:(指定图形界限的左下角位置,直接按 Enter 键或 Space 键采用默认值)

指定右上角点:(指定图形界限的右上角位置)

2. 设置绘图单位格式

设置绘图的长度单位、角度单位的格式以及它们的精度。

选择"格式"|"单位"菜单命令,或在命令窗口中输入"UNITS"命令,AutoCAD 弹出"图形单位"对话框,如图 1-28 所示,其中,"长度"选项组用于设置长度单位与精度,"角度"选项组用于设置角度单位与精度,还可以确定角度正方向、零度方向以及插入单位等。

3. 系统变量

可以通过 AutoCAD 2012 的系统变量控制 AutoCAD 的某些功能和工作环境。AutoCAD 2012 的每一个系统变量有其对应的数据类型,例如整数、实数、字符串和开关类型等。开关类型变量有开(ON)和关(OFF)两个值,这两个值也可以分别用 1、0 表示。用户可以根据需要浏览、更改系统变量的值(如果允许更改的话)。浏览、更改系统变量值的方法通常是:在命令窗口中的"命令:"提示后输入系统变量的名称,然后按 Enter 键或 Space 键,AutoCAD 显示出系统变量的当前值,此时用户可根据需要输入新值(如果允许设置新值的话)。

4. 绘图窗口与文本窗口的切换

使用 AutoCAD 2012 绘图时,有时需要切换到文本窗口,以查看相关的文字信息;而有时当执行某一命令后,AutoCAD 2012 会自动切换到文本窗口,此时又需要再切换到绘图窗口。利用功能键 F2 可实现上述切换。此外,利用"TEXTSCR"命令和"GRAPHSCR"命令也可以分别实现绘图窗口与文本窗口之间的切换。

5. 帮助功能

AutoCAD 2012 提供了强大的帮助功能,用户在绘图或开发过程中可以随时通过该功能得到相应的帮助。选择图 1-29 所示的"帮助"菜单中的"帮助"命令,用户可以得到相关的帮助信息或浏览 AutoCAD 2012 的全部命令与系统变量等。

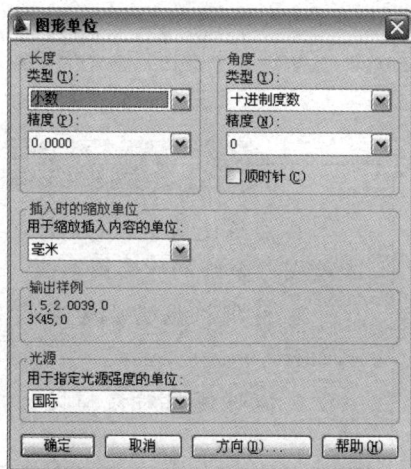

图 1-28 "图形单位"对话框

图 1-29 "帮助"菜单

练习题 1-1

1. 新建一个文件,掌握 Esc 键、Enter 键、Space 键、对话框、命令窗口等的使用,练习保存文件。

2. 用"直线"命令绘制图 1-30 所示的三菱标志,各点坐标如下。

A:(260,230)	B:(230,190)	C:(260,150)	D:(290,190)
E:(210,150)	F:(180,110)	G:(230,110)	H:(290,110)
I:(340,110)	M:(310,150)		

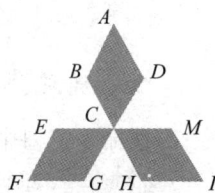

图 1-30 练习题 1-1

图形绘制

　　1. 掌握"绘图"工具栏的工具用法及不同的绘图方式；

　　2. 掌握"直线""圆""多边形""图案填充"等常用命令的使用方式；

　　3. 掌握使用对象捕捉功能精确绘图。

　　1. 能够使用 AutoCAD 2012 提供的基本绘图命令绘制所需图形；

　　2. 能够根据需要为图形添加合理的剖面符号；

　　3. 能够使用对象捕捉功能辅助绘制图形。

情境一　绘制点

一、确定点的位置

在命令窗口中输入"POINT"命令，AutoCAD 提示：

指定点：(在该提示下确定点的位置，AutoCAD 就会在该位置绘制出相应的点)

二、设置点的样式与大小

选择"格式"|"点样式"菜单命令，或在命令窗口中输入"DDPTYPE"命令，AutoCAD 弹出图 2-1 所示的"点样式"对话框，用户可通过该对话框选择自己需要的点样式。此外，还可以利用对话框中的"点大小"文本框确定点的大小。

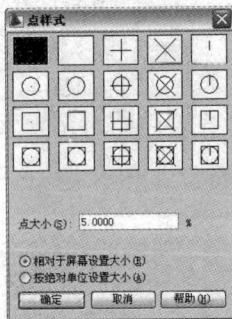

图 2-1　"点样式"对话框

三、绘制定数等分点

绘制定数等分点是指将点对象沿对象的长度或周长等间隔排列。

选择"绘图"|"点"|"定数等分"菜单命令，或在命令窗口中输入"DIVIDE"命令，AutoCAD 提示：

选择要定数等分的对象：(选择对应的对象)

输入线段数目或 [块(B)]：

在此提示下直接输入等分数，即响应默认项，AutoCAD 会在指定的对象上绘制出等分点，如图 2-2 所示。

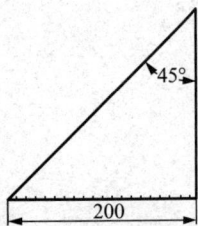

图 2-2　绘制定数等分点

四、绘制定距等分点

绘制定距等分点是指将点对象在指定的对象上按指定的间隔放置。

选择"绘图"|"点"|"定距等分"菜单命令,或在命令窗口中输入"MEASURE"命令,AutoCAD提示:

选择要定距等分的对象:(选择对象)

指定线段长度或[块(B)]:

在此提示下直接输入长度值,即执行默认项,AutoCAD会在对象上的对应位置绘制出点。同样,可以利用"点样式"对话框设置所绘制点的样式。如果在"指定线段长度或[块(B)]:"提示下执行"块"选项,则表示将在对象上按指定的长度插入块,如图2-3所示。

例题 2-1　定数等分画圆弧(如图2-4所示)。

◆绘图提示:

(1)此图中间为6等分,可使用"定数等分"命令分段。

(2)连续曲线可采用"多段线""圆弧"命令快速绘制。

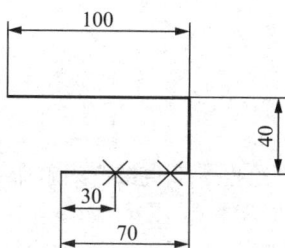

图 2-3　绘制定距等分点　　　　图 2-4　例题 2-1

◆绘图步骤:

(1)先画一条长为70的直线,然后在这条直线上6等分,如图2-5所示。

(2)使用"多段线"命令,在"指定起点:指定下一个点或[圆弧(A)/半宽(H)/长度(L)/放弃(U)/宽度(W)]:"提示下输入"a",在"指定圆弧的端点或[角度(A)/圆心(CE)/方向(D)/半宽(H)/直线(L)/半径(R)/第二个点(S)/放弃(U)/宽度(W)]:"提示下输入"d",开始绘制圆弧的方向,如图2-6所示。

(3)重复(2)的操作,完成圆弧的绘制,如图2-7所示。

(4)选择"圆"命令,捕捉圆的中点,在"指定圆的半径或[直径(D)]:"提示下输入"35",按 Enter 键。

(5)删除辅助线,添加尺寸标注,如图2-4所示。

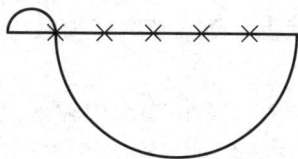

图 2-5　绘图步骤(1)　　　　图 2-6　绘图步骤(2)　　　　图 2-7　绘图步骤(3)

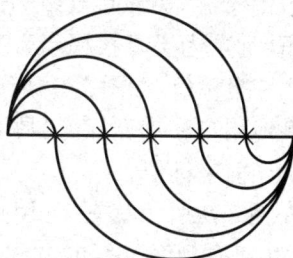

· 🖳 练习题2-1 ·

按照定数等分和定距等分在同心圆上绘制点,如图2-8所示。

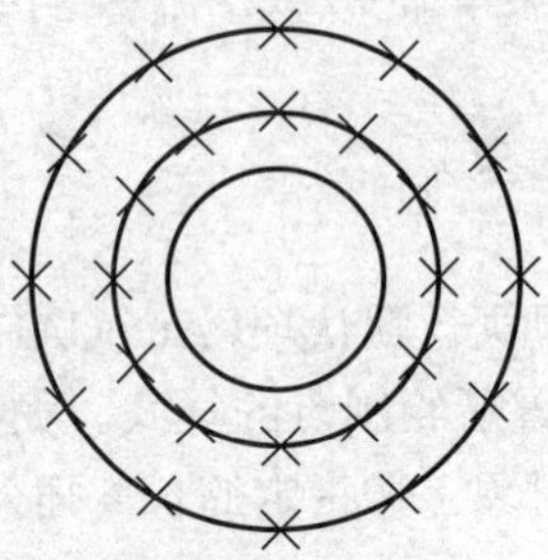

图2-8　练习题2-1

✍ 情境二　绘制线

一、绘制直线

绘制直线是指根据指定的端点绘制一系列直线段。

单击"绘图"工具栏上的"直线"按钮 ,或选择"绘图"|"直线"菜单命令,或在命令窗口中输入"LINE"命令,AutoCAD 提示:

第一点:(确定直线段的起始点)

指定下一点或[放弃]:(确定直线段的另一端点位置,或执行"放弃"选项重新确定起始点)

指定下一点或[放弃]:(可直接按 Enter 键或 Space 键结束命令,或确定直线段的另一端点位置,或执行"放弃"选项取消前一次操作)

指定下一点或[闭合(C)/放弃(U)]:(可直接按 Enter 键或 Space 键结束命令,或确定直线段的另一端点位置,或执行"放弃"选项取消前一次操作,或执行"闭合"选项创建封闭多边形)

指定下一点或[闭合(C)/放弃(U)]:↙(也可以继续确定端点位置、执行"放弃"选项、执行"闭合"选项)

执行结果:AutoCAD 绘制出连接相邻点的一系列直线段。

用"直线"命令绘制出的一系列直线段中的每一条线段均是独立的对象。

如果单击状态栏上的"DYN"按钮,使其压下,会启动动态输入功能。启动动态输入并执行"直线"命令后,AutoCAD 一方面在命令窗口提示"指定第一点:",同时在光标附近显示出一个提示框(称之为工具栏提示),工具栏提示中显示出对应的 AutoCAD 提示"指定第一点:"和光标的当前坐标值,如图2-9所示。

此时用户移动光标,工具栏提示也会随着光标移动,且显示出的坐标值会动态变化,以反映光标的当前坐标值。

在图2-9所示状态下,用户可以在工具栏提示中输入点的坐标值,而不必切换到命令行进行输入(切换到命令行的方式:在命令窗口中,将光标放到"命令:"提示的后面单击鼠标拾取键)。

选择"绘图"|"草图设置"菜单命令,AutoCAD 弹出"草图设置"对话框,如图 2-10 所示。用户可通过该对话框进行对应的设置。

指定第一点: **667.9597** 698.3865

图 2-9 光标显示当前坐标值

图 2-10 "草图设置"对话框

二、绘制射线

绘制射线是指绘制沿单方向无限延长的直线。射线一般用作辅助线。

选择"绘图"|"射线"菜单命令,或在命令窗口中输入"RAY"命令,AutoCAD 提示:

指定起点:(确定射线的起始点位置)

指定通过点:(确定射线通过的任一点。确定后 AutoCAD 绘制出过起点与该点的射线)

指定通过点:↙(也可以继续指定通过点,绘制过同一起始点的一系列射线)

三、绘制构造线

绘制构造线是指绘制沿两个方向无限延长的直线。构造线一般用作辅助线。

单击"绘图"工具栏上的"构造线"按钮，或选择"绘图"|"构造线"菜单命令,或在命令窗口中输入"XLINE"命令,AutoCAD 提示:

指定点或 [水平(H)/ 垂直(V)/ 角度(A)/ 二等分(B)/ 偏移(O)]:

其中,"指定点"选项用于绘制通过指定两点的构造线,"水平"选项用于绘制通过指定点的水平构造线,"垂直"选项用于绘制通过指定点的垂直构造线,"角度"选项用于绘制沿指定方向或与指定直线之间的夹角为指定角度的构造线,"二等分"选项用于绘制平分由指定 3 点所确定的角的构造线,"偏移"选项用于绘制与指定直线平行的构造线。

例题 2-2 **使用辅助线绘制图 2-11 所示的图形。**

◆绘图提示:

(1)三角形上的一点需要借助辅助线绘制;

(2)已知一个点和方向的线条可以用射线来绘制。

◆绘图步骤:

(1)使用"直线"命令,画一条长为 80 的直线,再使用"构造线"命令画一条垂直于直线的射线,如图 2-12 所示。

（2）使用"圆"命令,捕捉圆心 *A* 点,画半径为 95 的圆,使圆和射线相交于 *B* 点,连接线段 *AB*,如图 2-13 所示。

（3）使用"修剪"命令,修剪和删除多余线条,并添加尺寸标注,如图 2-11 所示。

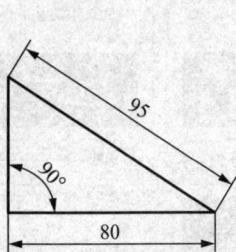

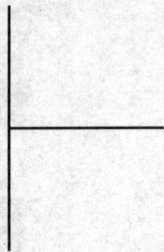

图 2-11　例题 2-2　　　图 2-12　绘图步骤（1）　　　图 2-13　绘图步骤（2）

例题 2-3　**使用辅助线绘制图 2-14 所示的图形。**

◆绘图步骤:

（1）使用"直线"命令,画一条长为 100 的直线,再使用"偏移"命令,偏移出一条辅助线,偏移距离为 45,如图 2-15 所示。

（2）使用"圆"命令,捕捉 *A* 点为圆心,画半径为 85 的圆,使圆和直线相交于 *B* 点,连接线段 *AB*、*BC*、*AC*,如图 2-16 所示。

（3）使用"删除"命令,删除多余线条,并添加尺寸标注,如图 2-14 所示。

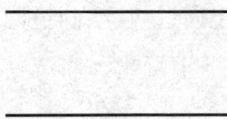

图 2-14　例题 2-3　　　图 2-15　绘图步骤（1）　　　图 2-16　绘图步骤（2）

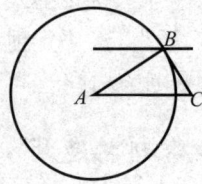

练习题 2-2

1. 利用"直线""构造线"命令绘制图 2-17 所示的图形。

2. 利用"相对直角坐标""直线""构造线"命令绘制图 2-18 所示的图形。

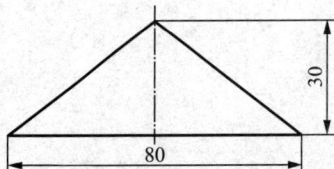

图 2-17　练习题 2-2（1）　　　　　图 2-18　练习题 2-2（2）

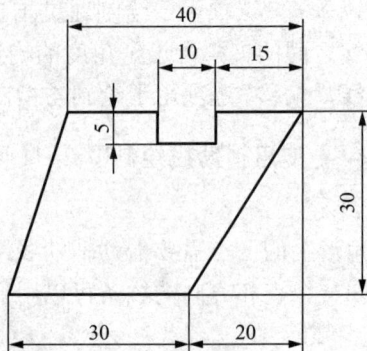

3. 利用"相对极坐标""直线"命令绘制图 2-19 所示的图形。

4. 利用"相对极坐标""直线"命令绘制图 2-20 所示的图形。

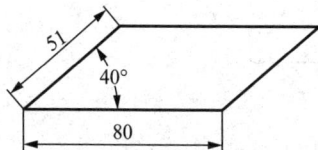

图 2-19　练习题 2-2（3）

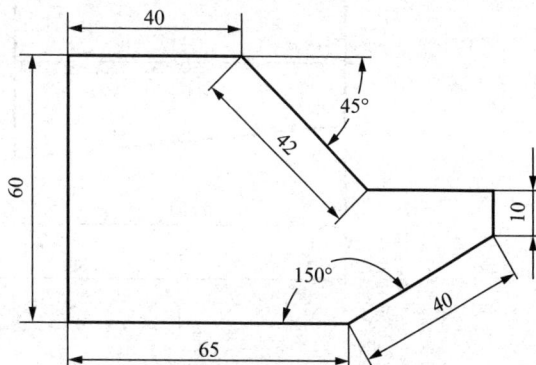

图 2-20　练习题 2-2（4）

5. 利用"相对极坐标""直线"命令绘制图 2-21 所示的图形。

6. 利用"相对极坐标""直线"命令绘制图 2-22 所示的图形。

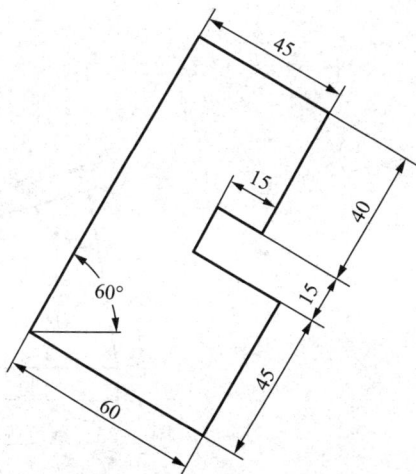

图 2-21　练习题 2-2（5）

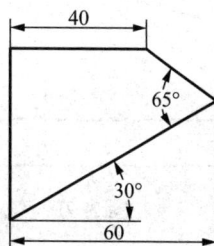

图 2-22　练习题 2-2（6）

7. 利用"相对直角坐标""直线"命令绘制图 2-23 所示的图形。

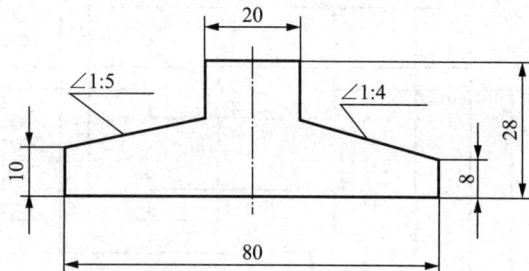

图 2-23　练习题 2-2（7）

8. 利用"相对直角坐标""直线"命令绘制图 2-24 所示的图形。

17

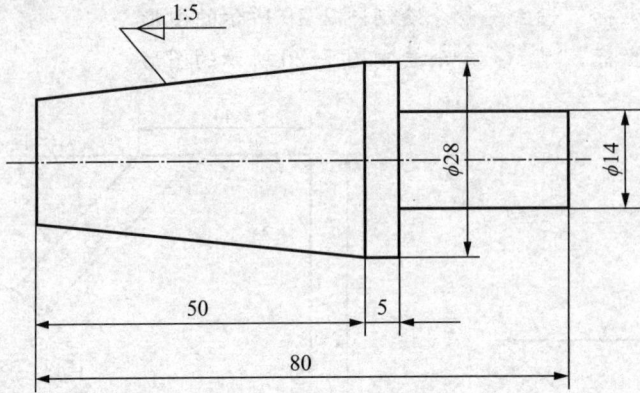

图 2-24　练习题 2-2（8）

9. 利用"相对极坐标""直线"命令绘制图 2-25 所示的图形。

10. 利用"相对极坐标""直线"命令绘制图 2-26 所示的图形。

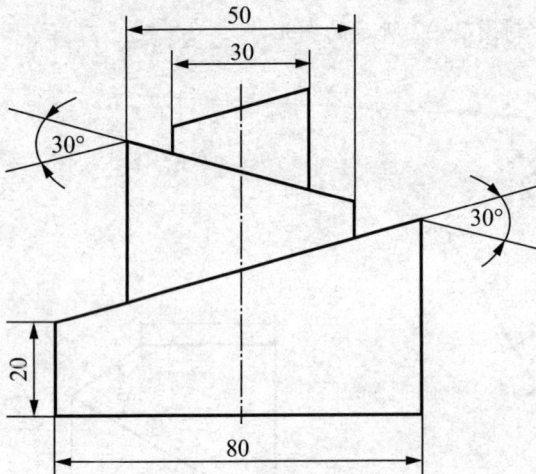

图 2-25　练习题 2-2（9）

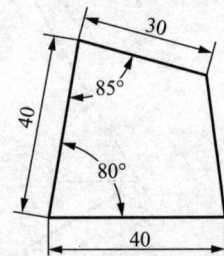

图 2-26　练习题 2-2（10）

11. 利用"相对直角坐标""直线"命令绘制图 2-27 所示的图形。

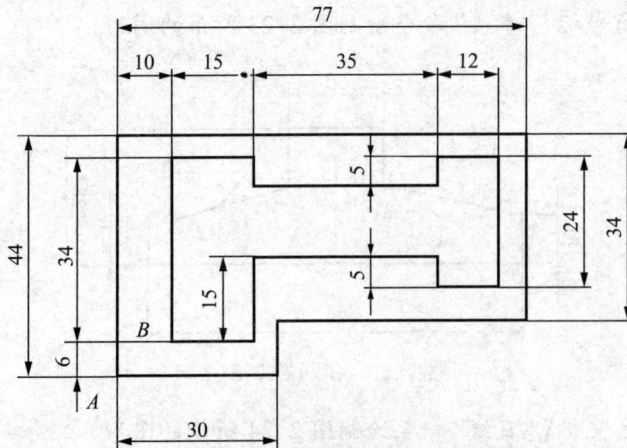

图 2-27　练习题 2-2（11）

12. 利用"相对极坐标""直线"命令绘制图 2-28 所示的图形。

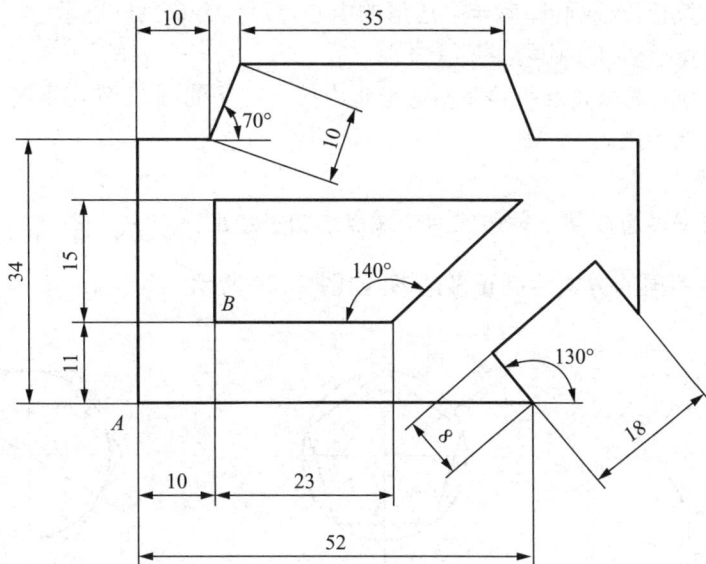

图 2-28 练习题 2-2（12）

情境三 绘制矩形和等边多边形

一、绘制矩形

单击"绘图"工具栏上的"矩形"按钮 ▭，或选择"绘图"|"矩形"菜单命令，或在命令窗口中输入"RECTANG"命令，AutoCAD 提示：

指定第一个角点或 [倒角（C）/标高（E）/圆角（F）/厚度（T）/宽度（W）]：

其中，"指定第一个角点"选项要求指定矩形的一个角点。执行该选项，AutoCAD 提示：

指定另一个角点或 [面积（A）/尺寸（D）/旋转（R）]：

此时可通过指定另一角点绘制矩形，"面积"选项用于根据面积绘制矩形，"尺寸"选项用于根据矩形的长和宽绘制矩形，"旋转"选项用于绘制按指定角度放置的矩形。

此外，"倒角"选项表示绘制在各角点处有倒角的矩形。"标高"选项用于确定矩形的绘图高度，即绘图面与 XY 平面之间的距离。"圆角"选项用于确定矩形角点处的圆角半径，使所绘制矩形在各角点处按此半径绘制出圆角。"厚度"选项用于确定矩形的绘图厚度，使所绘制矩形具有一定的厚度。"宽度"选项用于确定矩形的线宽。

二、绘制正多边形

单击"绘图"工具栏上的"正多边形"按钮 ⬠，或选择"绘图"|"正多边形"菜单命令，或在命令窗口中输入"POLYGON"命令，AutoCAD 提示：

指定正多边形的中心点或 [边（E）]：

（1）"指定正多边形的中心点"选项。

此默认选项要求用户确定正多边形的中心点,指定后将利用多边形的假想外接圆或内切圆绘制等边多边形。执行该选项,即确定多边形的中心点后,AutoCAD 提示:

输入选项［内接于圆(I)/外切于圆(C)］:

其中,"内接于圆"选项表示所绘制多边形将内接于假想的圆,"外切于圆"选项表示所绘制多边形将外切于假想的圆。

（2）"边"选项。

该选项用于根据多边形某一条边的两个端点绘制多边形。

例题 2-4 **用不同的方式绘制正多边形,如图 2-29 所示。**

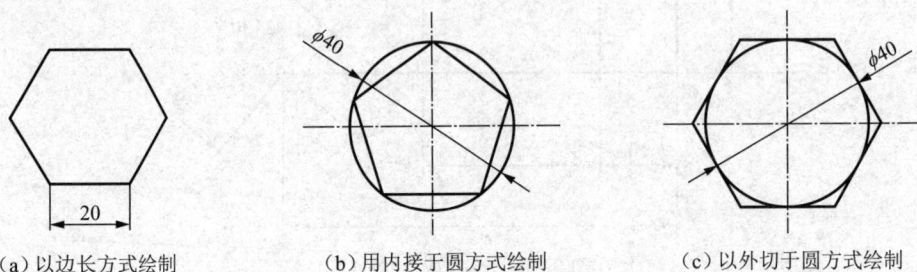

| (a) 以边长方式绘制 | (b) 用内接于圆方式绘制 | (c) 以外切于圆方式绘制 |

图 2-29 例题 2-4

◆绘图步骤:

（1）以边长方式绘制正多边形。

单击"绘图"工具栏上的"正多边形"按钮⬡,AutoCAD 提示:

命令:_polygon 输入侧面数＜4＞:6(输入"6",绘制正六边形)

指定正多边形的中心点或［边(E)］:e(输入"e",指定边长)

指定边的第一个端点:指定边的第二个端点:20(输入"20",确定边长)

按 Enter 键完成绘制,如图 2-29（a）所示。

（2）用内接于圆方式绘制正多边形。

单击"绘图"工具栏上的"正多边形"按钮⬡,AutoCAD 提示:

命令:_polygon 输入侧面数＜6＞:5(输入"5",绘制正五边形)

指定正多边形的中心点或［边(E)］:(鼠标左键点击确认正多边形的中心点)

输入选项［内接于圆(I)/外切于圆(C)］＜I＞:(直接按 Enter 键或者 Space 键,或者输入"i",选择内接于圆)

指定圆的半径:20(输入"20")

按 Enter 键完成绘制,如图 2-29（b）所示。

（3）以外切于圆方式绘制正多边形。

单击"绘图"工具栏上的"正多边形"按钮⬡,AutoCAD 提示:

命令:_polygon 输入侧面数＜5＞:6(输入"6",绘制正六边形)

指定正多边形的中心点或［边(E)］:(鼠标左键点击确认正多边形的中心点)

输入选项［内接于圆(I)/外切于圆(C)］＜I＞:c(输入"c",选择外切于圆)

指定圆的半径:20(输入"20")

按 Enter 键完成绘制,如图 2-29（c）所示。

例题 2-5 使用极轴追踪功能绘制图形,如图 2-30 所示。

◆绘图提示:

(1)此图主要练习多边形的绘制;

(2)在绘制中间的矩形时将会用到 45° 极轴追踪。

◆绘图步骤:

(1)先对极轴追踪进行设置,鼠标右击状态栏上的"极轴",单击快捷菜单中的"设置"命令(如图 2-31 所示)。

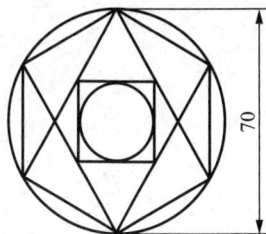

图 2-30 例题 2-5

图 2-31 绘图步骤(1)

(2)在弹出的"草图设置"对话框的"极轴追踪"选项卡中勾选"启用极轴追踪"选项,将"增量角"改为"45"(凡是 45° 的倍数都能被追踪到),如图 2-32 所示。

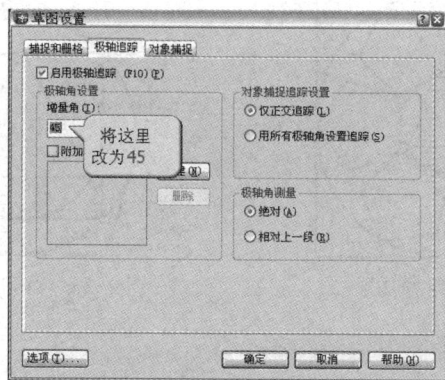

图 2-32 绘图步骤(2)

(3)先画一个直径为 70 的圆,再画一个内接于圆的正六边形,如图 2-33 所示。

(4)使用"对象捕捉"命令,绘制里面的直线,并用极轴追踪方式绘制一条连接于线上的直线,如图 2-34 所示。

(5)使用"直线"命令连接其余直线,如图 2-35 所示。

(6)捕捉大圆的圆心,在矩形里面绘制一个小圆,并添加尺寸标注,如图 2-30 所示。

图 2-33 绘图步骤(3) 　　图 2-34 绘图步骤(4) 　　图 2-35 绘图步骤(5)

练习题 2-3

1.绘制图 2-36 所示的图形。

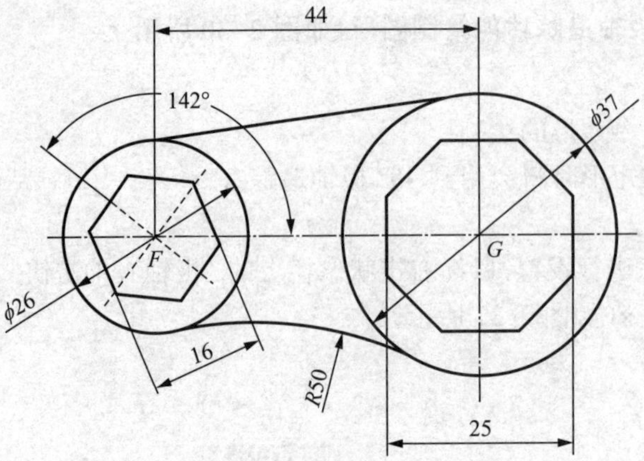

图 2-36　练习题 2-3（1）

2.绘制图 2-37 所示的图形。提示：首先绘制圆，然后绘制圆的内接三角形和外切正六边形，以六边形的每一条边为边绘制正五边形，最后绘制大圆和它的外切四边形。

3.绘制图 2-38 所示的图形。

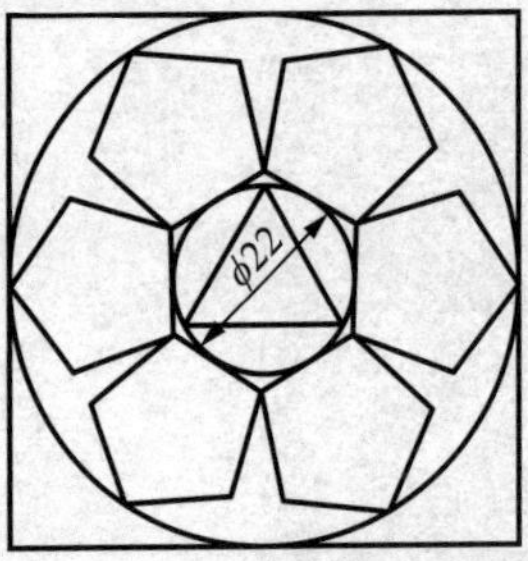

图 2-37　练习题 2-3（2）

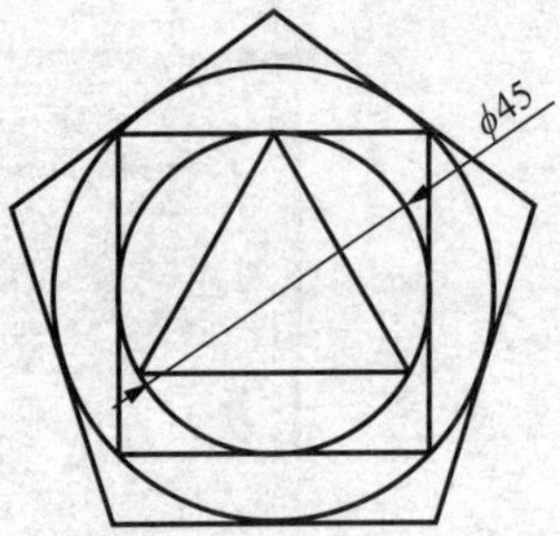

图 2-38　练习题 2-3（3）

情境四　绘制圆、圆弧和椭圆

一、绘制圆

单击"绘图"工具栏上的"圆"按钮 ⊘，或在命令窗口中输入"CIRCLE"命令，AutoCAD 提示：

指定圆的圆心或 [三点(3P)/两点(2P)/相切、相切、半径(T)]：

其中，"指定圆的圆心"选项用于根据指定的圆心以及半径或直径绘制圆弧，"三点"选项用于根据指定的三点绘制圆，"两点"选项用于根据指定两点绘制圆，"相切、相切、半径"选项用于绘制与已有两对象相切且半径为给定值的圆。

二、绘制圆环

选择"绘图"|"圆环"菜单命令，或在命令窗口中输入"DONUT"命令，AutoCAD 提示：

指定圆环的内径：(输入圆环的内径)

指定圆环的外径:(输入圆环的外径)

指定圆环的中心点或＜退出＞:(确定圆环的中心点位置,或按 Enter 键或 Space 键结束命令的执行)

三、绘制圆弧

AutoCAD 提供了多种绘制圆弧的方法,可通过图 2-39 所示的"圆弧"子菜单执行绘制圆弧操作。

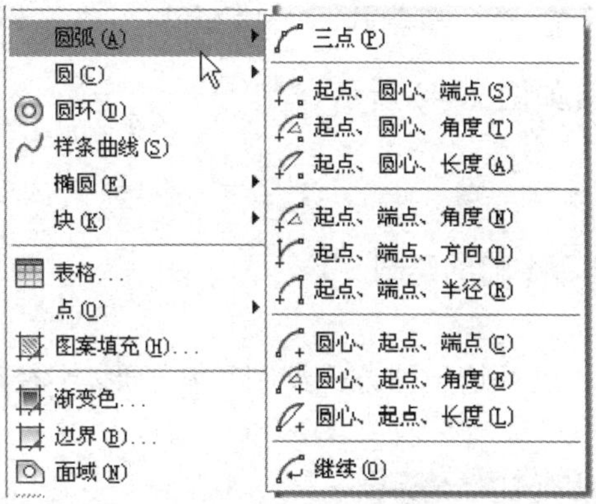

图 2-39 "圆弧"子菜单

例如,选择"绘图"|"圆弧"|"三点"菜单命令,AutoCAD 提示:

指定圆弧的起点或［圆心(C)］:(确定圆弧的起始点位置)

指定圆弧的第二个点或［圆心(C)/端点(E)］:(确定圆弧上的任一点)

指定圆弧的端点:(确定圆弧的终止点位置)

执行结果:AutoCAD 绘制出由指定三点确定的圆弧。

例题 2-6 使用优弧命令画圆弧,如图 2-40 所示。

◆绘图提示:

(1)此图是一个未完全连接的圆弧图形;

(2)利用 AutoCAD 中优弧的半径为负值的方法绘制。

◆绘图步骤:

(1)使用"直线"命令,根据尺寸绘制线段,如图 2-41 所示。

(2)使用"圆弧"命令,捕捉起点 A,捕捉端点 B(输入"e"),绘制一个圆弧,半径为 -40(半径为负表示圆弧是优弧),如图 2-42 所示。AutoCAD 提示:

命令:_arc 指定圆弧的起点或［圆心(C)］:

指定圆弧的第二个点或［圆心(C)/端点(E)］:e

指定圆弧的端点:

指定圆弧的圆心或［角度(A)/方向(D)/半径(R)］:r

指定圆弧的半径:-40

(3)添加尺寸标注,如图 2-40 所示。

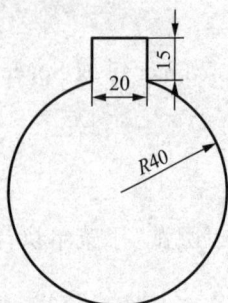

图 2-40　例题 2-6　　　　图 2-41　绘图步骤(1)　　　　图 2-42　绘图步骤(2)

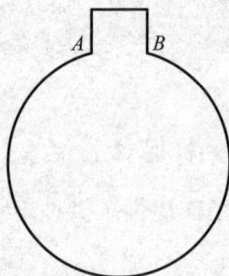

例题 2-7　绘制内切圆,如图 2-43 所示。

◆绘图提示:

(1)此图是绘制圆的图形;

(2)需要使用"多边形"命令辅助绘制。

◆绘图步骤:

(1)使用"多边形"命令,以外切于圆方式绘制正八边形,半径尺寸自定义,如图 2-44 所示。

AutoCAD 提示:

命令:_polygon 输入边的数目< 8 >:

指定正多边形的中心点或[边(E)]:

输入选项[内接于圆(I)/外切于圆(C)]< I >:c

指定圆的半径:40

(2)使用"圆"命令,捕捉圆心 A 点和边的中点 B 点,绘制一个圆,如图 2-45 所示。

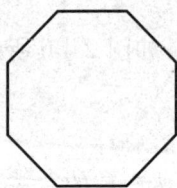

图 2-43　例题 2-7　　　　图 2-44　绘图步骤(1)　　　　图 2-45　绘图步骤(2)

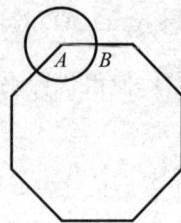

(3)使用"圆"命令,依次画出其他圆,如图 2-46 所示。

(4)选择"绘图"|"圆"|"相切、相切、相切"菜单命令,捕捉 A 点、B 点、C 点 3 个切点,绘制一个内切圆,再删除正八边形,如图 2-47 所示。

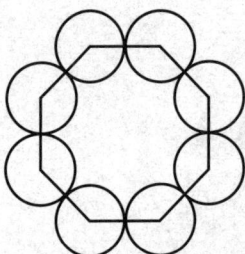

图 2-46　绘图步骤(3)　　　　图 2-47　绘图步骤(4)

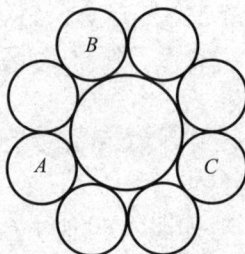

练习题2-4

1. 利用圆的特性,画出图2-48所示的图。
2. 利用圆的特性,画出图2-49所示的图。

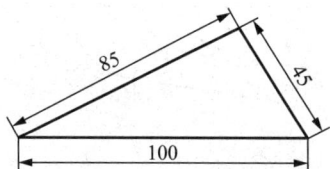

图2-48 练习题2-4(1)

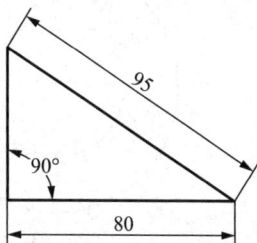

图2-49 练习题2-4(2)

3. 利用圆的特性,画出图2-50所示的图。
4. 利用"圆弧"命令画出图2-51所示的图形。

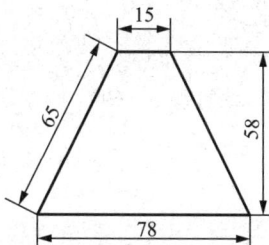

图2-50 练习题2-4(3)

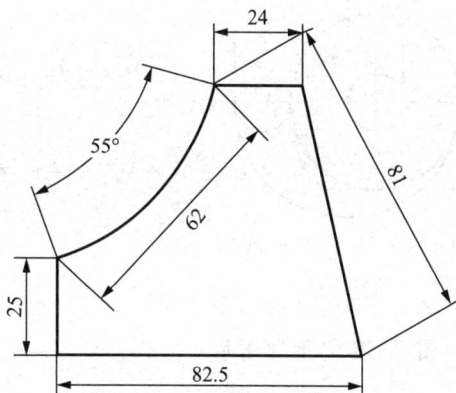

图2-51 练习题2-4(4)

5. 绘制图2-52所示的图形。
6. 绘制图2-53所示的图形。

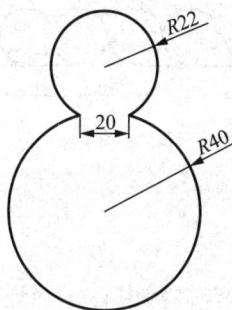

图2-52 练习题2-4(5)

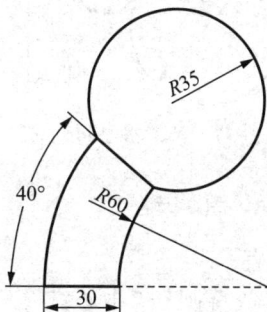

图2-53 练习题2-4(6)

7. 绘制图2-54所示的图形。
8. 绘制图2-55所示的图形。

9. 绘制图 2-56 所示的图形。

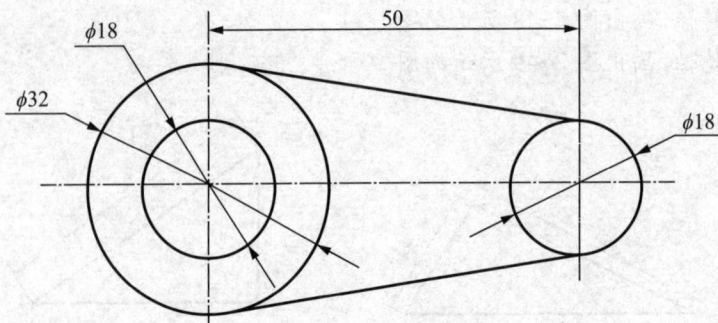

图 2-54　练习题 2-4（7）

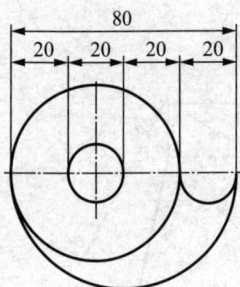

图 2-55　练习题 2-4（8）

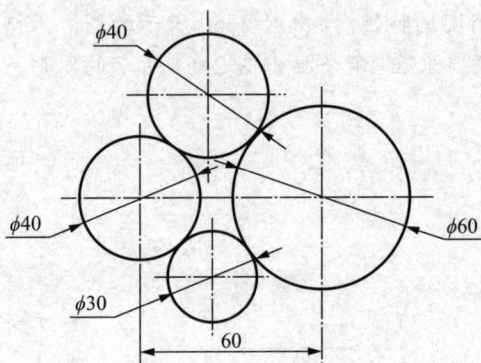

图 2-56　练习题 2-4（9）

10. 绘制图 2-57 所示的图形。
11. 绘制图 2-58 所示的图形。

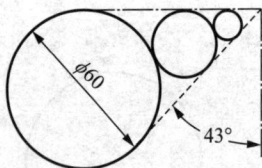

图 2-57　练习题 2-4（10）

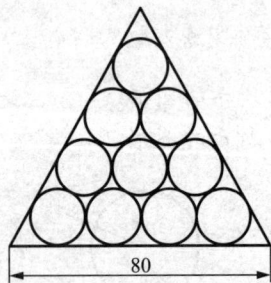

图 2-58　练习题 2-4（11）

四、绘制椭圆和椭圆弧

椭圆的绘制方式有：

（1）选择"绘图"|"椭圆"|"中心点"菜单命令，指定椭圆中心、一个轴的端点以及另一个轴的半轴长度绘制椭圆；选择"绘图"|"椭圆"|"轴、端点"菜单命令，指定一个轴的两个端点和另一个轴的半轴长度绘制椭圆。

（2）单击"绘图"工具栏上的"椭圆"按钮 ⬭，或在命令窗口中输入"ELLIPSE"命令，AutoCAD 提示：

指定椭圆的轴端点或［圆弧（A）/中心点（C）］：

其中，"指定椭圆的轴端点"选项用于根据一轴上的两个端点位置等绘制椭圆，"中心点"选项用于根据指定的椭圆中心点等绘制椭圆，"圆弧"选项用于绘制椭圆弧。

1. 默认方式绘制椭圆

AutoCAD 提示：

指定椭圆的轴端点或［圆弧（A）/中心点（C）］：（选取图 2-59 中的点 1）

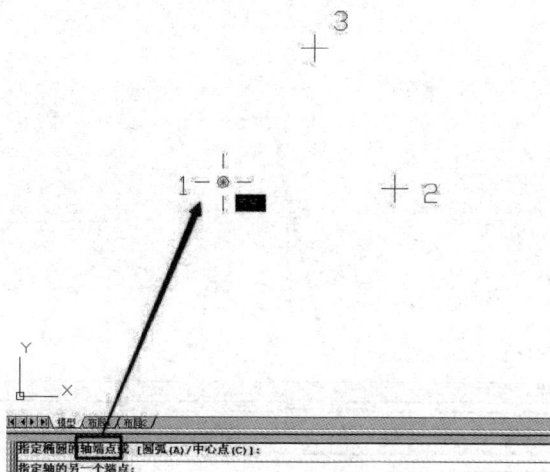

图 2-59　默认方式绘制椭圆

指定轴的另一个端点：（选取图 2-59 中的点 2）

指定另一条半轴长度或［旋转（R）］：（指定图 2-59 中的点 3 确定另一条半轴长度）

图形绘制结果如图 2-60 所示。

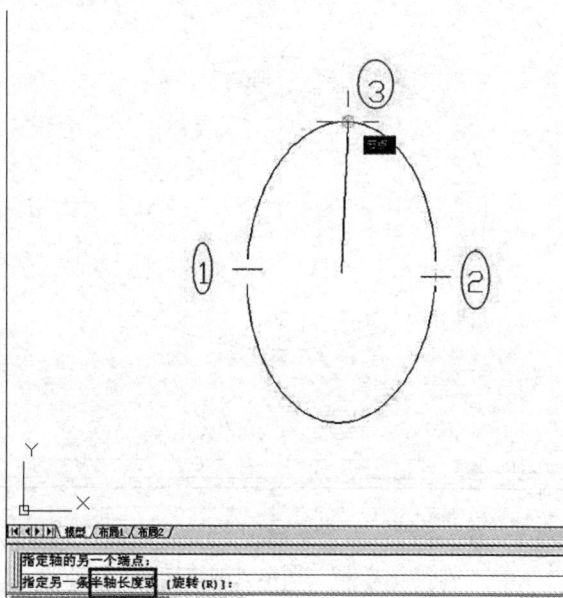

图 2-60　图形绘制结果

2. 中心点方式绘制椭圆

AutoCAD 提示：

指定椭圆的轴端点或 [圆弧（A）/ 中心点（C）]:c（输入"c"表示以中心点方式画椭圆）

指定椭圆的中心点：（选取图 2-61 中的点 1 为中心点）

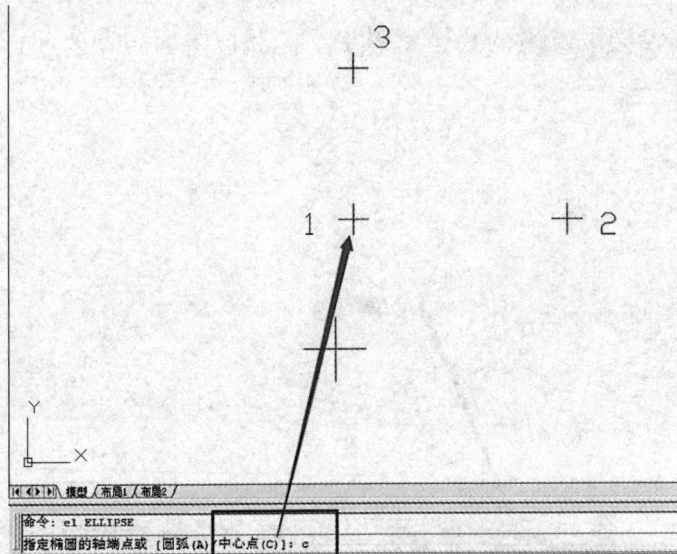

图 2-61　中心点方式绘制椭圆

指定轴的端点：（选取图 2-61 中的点 2）

指定另一条半轴长度或 [旋转（R）]：（指定图 2-61 中的点 3 确定另一条半轴长度）

图形绘制完成，如图 2-62 所示。

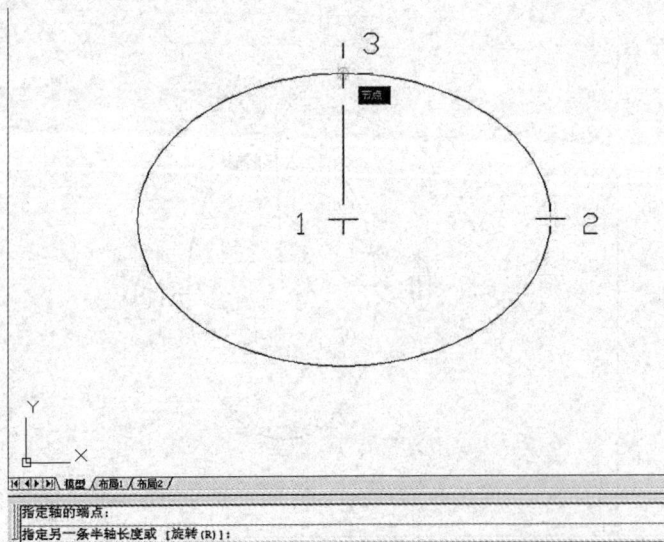

图 2-62　图形绘制结果

3. 旋转方式绘制椭圆

AutoCAD 提示：

指定椭圆的轴端点或［圆弧（A）/ 中心点（C）］:（选取图 2-63 中的点 1）

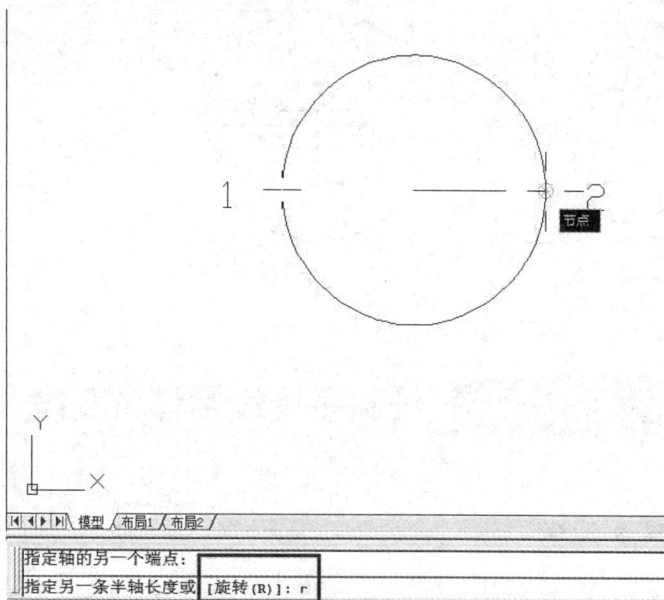

图 2-63　旋转方式绘制椭圆

指定轴的另一个端点:（选取图 2-63 中的点 2）

指定另一条半轴长度或［旋转（R）］:r（输入"r"表示以旋转方式画椭圆）

指定绕长轴旋转的角度:60（表示旋转的角度为 60°）

所得结果如图 2-64 所示。

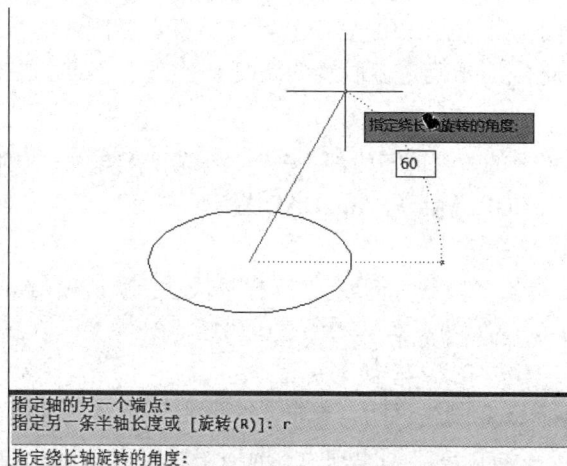

图 2-64　图形绘制结果

● 练习题 2-5 ●

1. 按图 2-65 的尺寸和要求,练习绘制椭圆,线宽为 0.3 mm。

2. 按图 2-66 的尺寸,练习绘制椭圆弧,线宽为 0.3 mm。

3. 利用"椭圆弧"和"直线"命令绘制图 2-67 所示的圆柱。(虚线部分用"椭圆弧"命令绘制)。

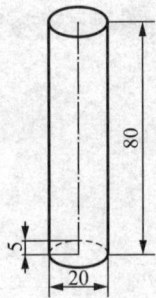

图 2-65 练习题 2-5（1）　　　图 2-66 练习题 2-5（2）　　　图 2-67 练习题 2-5（3）

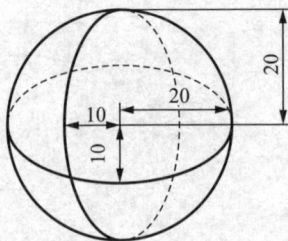

情境五　绘制多段线和样条曲线

一、绘制、编辑多段线

1. 绘制多段线

多段线是指由直线段、圆弧段构成，且可以有宽度的图形对象。

单击"绘图"工具栏上的"多段线"按钮 ⟲，或选择"绘图"｜"多段线"菜单命令，或在命令窗口中输入"PLINE"命令，AutoCAD 提示：

指定起点：（确定多段线的起始点）

当前线宽为 0.0000（说明当前的绘图线宽）

指定下一个点或［圆弧（A）／半宽（H）／长度（L）／放弃（U）／宽度（W）］：

其中，"圆弧"选项用于绘制圆弧，"半宽"选项用于指定多段线的半宽，"长度"选项用于指定多段线的长度，"宽度"选项用于确定多段线的宽度。

2. 编辑多段线

单击"修改Ⅱ"工具栏上的"编辑多段线"按钮，或选择"绘图"｜"对象"｜"多段线"菜单命令，或在命令窗口中输入"PEDIT"命令，AutoCAD 提示：

选择多段线或［多条（M）］：

在此提示下选择要编辑的多段线，即执行"选择多段线"默认项，AutoCAD 提示：

输入选项［闭合（C）／合并（J）／宽度（W）／编辑顶点（E）／拟合（F）／样条曲线（S）／非线化（D）／线型生成（L）／反转（R）／放弃（U）］：

其中，"闭合"选项用于将多段线封闭，"合并"选项用于将多条多段线（及直线、圆弧）合并，"宽度"选项用于更改多段线的宽度，"编辑顶点"选项用于编辑多段线的顶点，"拟合"选项用于创建圆弧拟合多段线，"样条曲线"选项用于创建样条曲线拟合多段线，"非曲线化"选项用于反拟合，"线型生成"选项用于规定非连续型多段线在各顶点处的绘线方式，"反转"选项用于改变多段线上的顶点顺序。

二、绘制、编辑样条曲线

1. 绘制样条曲线

绘制样条曲线是指绘制非一致有理 B 样条曲线。

单击"绘图"工具栏上的"样条曲线"按钮 $\sim$，或选择"绘图"|"样条曲线"菜单命令，或在命令窗口中输入"SPLINE"命令，AutoCAD 提示：

指定第一个点或［对象（O）］：

（1）"指定第一个点"选项。

该选项用于确定样条曲线上的第一点（即第一拟合点），为默认项。执行此选项，即确定一点，AutoCAD 提示：

指定下一点：

在此提示下确定样条曲线上的第二拟合点后，AutoCAD 提示：

指定下一点或［闭合（C）/拟合公差（F）］＜起点切向＞：

其中，"指定下一点"选项用于指定样条曲线上的下一点，"闭合"选项用于封闭多段线，"拟合公差"选项用于根据给定的拟合公差绘制样条曲线。

（2）"对象"选项。

将样条拟合多段线（由"PEDIT"命令的"样条曲线"选项实现）转换成等价的样条曲线并删除多段线。执行此选项，AutoCAD 提示：

选择要转换为样条曲线的对象…

选择对象：

在该提示下选择对应的图形对象，即可实现转换。

2. 编辑样条曲线

单击"修改Ⅱ"工具栏上的"编辑样条曲线"按钮 $\curvearrowleft$，或选择"修改"|"对象"|"样条曲线"菜单命令，或在命令窗口中输入"SPLINEDIT"命令，AutoCAD 提示：

选择样条曲线：

在该提示下选择样条曲线，AutoCAD 会在样条曲线的各控制点处显示出夹点，并提示：

输入选项［拟合数据（F）/闭合（C）/移动顶点（M）/精度（R）/反转（E）/转换为多段线（P）/放弃（U）］：

其中，"拟合数据"选项用于修改样条曲线的拟合点，"闭合"选项用于封闭样条曲线，"移动顶点"选项用于移动样条曲线上的当前点，"精度"选项用于对样条曲线的控制点进行细化操作，"反转"选项用于改变反转样条曲线的方向，"转换为多段线"选项用于将样条曲线转化为多段线。

三、绘制、编辑多线

1. 绘制多线

绘制多线是指绘制多条平行线，即由两条或两条以上直线构成的相互平行的直线，且这些直线可以分别具有不同的线型和颜色。

选择"绘图"|"多线"菜单命令，或在命令窗口中输入"MLINE"命令，AutoCAD 提示：

当前设置：对正＝上，比例＝20.00，样式＝STANDARD

指定起点或［对正（J）/比例（S）/样式（ST）］：

提示中的第一行说明当前的绘图模式。本提示示例说明当前的对正方式为"上"，比例为"20.00"，多线样式为"STANDARD"。提示中的第二行为绘制多线时的选择项，其中："指定起点"选项用于确定多线的起始点；"对正"选项用于控制如何在指定的点之间绘制多线，即控制多线上的哪条线要随光标移动；"比例"选项用于确定所绘多线的宽度相对于多线定义宽度的比例；

"样式"选项用于确定绘制多线时采用的多线样式。

2. 定义多线样式

选择"格式"|"多线样式"菜单命令,或在命令窗口中输入"MLSTYLE"命令,AutoCAD 弹出图 2-68 所示的"多线样式"对话框,在其中进行设置即可。

3. 编辑多线

选择"修改"|"对象"|"多线"菜单命令,或在命令窗口中输入"MLEDIT"命令,AutoCAD 弹出图 2-69 所示的"多线编辑工具"对话框。对话框中的各个图像按钮形象地说明了各编辑工具的功能,根据需要选择按钮,然后根据提示操作即可。

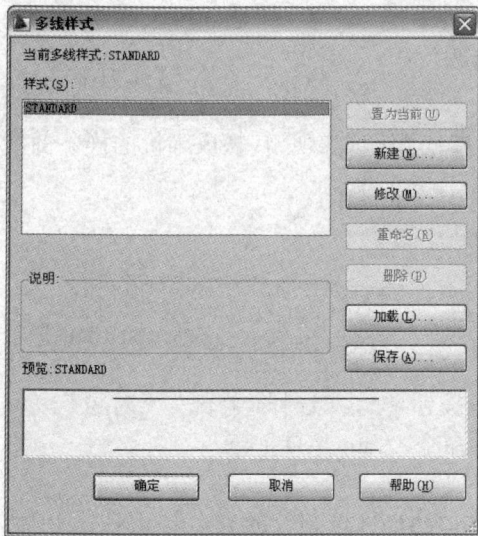

图 2-68 "多线样式"对话框   图 2-69 "多线编辑工具"对话框

例题 2-8 用多段线绘制图 2-70 所示的图形。

◆绘图步骤:

执行"多段线"命令,AutoCAD 提示:

图 2-70 例题 2-8

指定起点:

当前线宽为 0.0000

指定下一个点或 [圆弧(A) / 半宽(H) / 长度(L) / 放弃(U) / 宽度(W)]:30↙

指定下一点或 [圆弧(A) / 闭合(C) / 半宽(H) / 长度(L) / 放弃(U) / 宽度(W)]:w↙

指定起点宽度< 0.0000 >:3↙

指定端点宽度< 3.0000 >:↙

指定下一点或 [圆弧(A) / 闭合(C) / 半宽(H) / 长度(L) / 放弃(U) / 宽度(W)]:30↙

指定下一点或 [圆弧(A) / 闭合(C) / 半宽(H) / 长度(L) / 放弃(U) / 宽度(W)]:w↙

指定起点宽度< 3.0000 >:8↙

指定端点宽度< 8.0000 >:0↙

指定下一点或 [圆弧(A) / 闭合(C) / 半宽(H) / 长度(L) / 放弃(U) / 宽度(W)]:20↙

指定下一点或 [圆弧(A) / 闭合(C) / 半宽(H) / 长度(L) / 放弃(U) / 宽度(W)]:↙

例题 2-9 用多段线绘制图 2-71 所示的图形。

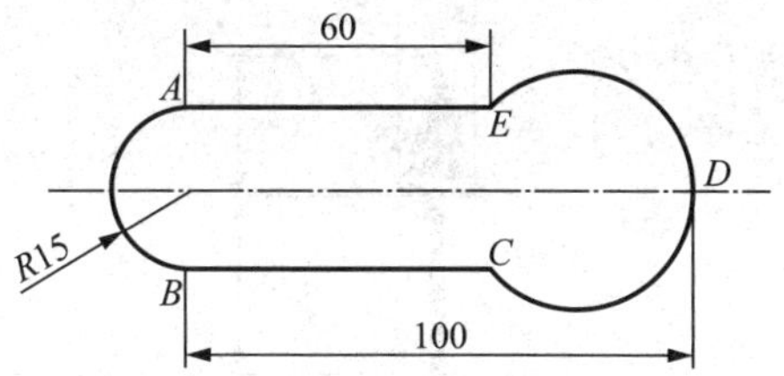

图 2-71　例题 2-9

◆绘图步骤：

执行"多段线"命令，AutoCAD 提示：

指定起点：

当前线宽为 0.0000

指定下一个点或 [圆弧（A）/ 半宽（H）/ 长度（L）/ 放弃（U）/ 宽度（W）]:w↙

指定起点宽度 < 0.0000 >:2↙

指定端点宽度 < 2.0000 >:↙

指定下一个点或 [圆弧（A）/ 半宽（H）/ 长度（L）/ 放弃（U）/ 宽度（W）]:a↙

指定圆弧的端点或 [角度（A）/ 圆心（CE）/ 方向（D）/ 半宽（H）/ 直线（L）/ 半径（R）/ 第二个点（S）/ 放弃（U）/ 宽度（W）]:r↙

指定圆弧的半径:15↙

指定圆弧的端点或 [角度（A）]:a↙

指定包含角:180↙

指定圆弧的弦方向 < 270 >:270↙

指定圆弧的端点或 [角度（A）/圆心（CE）/闭合（CL）/方向（D）/半宽（H）/直线（L）/半径（R）/ 第二个点（S）/ 放弃（U）/ 宽度（W）]:1↙

指定下一点或 [圆弧（A）/ 闭合（C）/ 半宽（H）/ 长度（L）/ 放弃（U）/ 宽度（W）]:60↙

指定下一点或 [圆弧（A）/ 闭合（C）/ 半宽（H）/ 长度（L）/ 放弃（U）/ 宽度（W）]:a↙

指定圆弧的端点或 [角度（A）/ 圆心（CE）/ 闭合（CL）/ 方向（D）/ 半宽（H）/ 直线（L）/半径（R）/ 第二个点（S）/ 放弃（U）/ 宽度（W）]:s↙

指定圆弧上的第二个点:@40,15↙

指定圆弧的端点:@-40,15↙

指定圆弧的端点或 [角度（A）/ 圆心（CE）/ 闭合（CL）/ 方向（D）/ 半宽（H）/ 直线（L）/半径（R）/ 第二个点（S）/ 放弃（U）/ 宽度（W）]:1↙

指定下一点或 [圆弧（A）/ 闭合（C）/ 半宽（H）/ 长度（L）/ 放弃（U）/ 宽度（W）]:c↙

• 🖥 练习题 2-6

1. 绘制一个 150 单位长的水平线，并将线分为四等分。其中：线宽在 B、C 两点处最宽，宽度为 10；A、D 两点宽度为 0。完成的图形如图 2-72 所示。

2. 绘制图 2-73 所示的图形。

3. 绘制图 2-74 所示的图形。

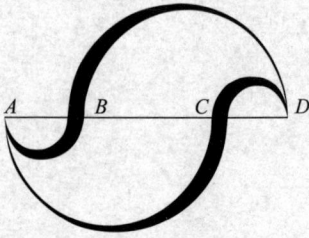

图 2-72　练习题 2-6（1）

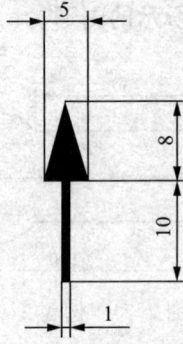

图 2-73　练习题 2-6（2）

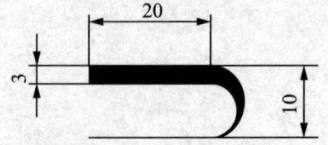

图 2-74　练习题 2-6（3）

4. 绘制图 2-75 所示的图形。

图 2-75　练习题 2-6（4）

5. 绘制图 2-76 所示的图形。

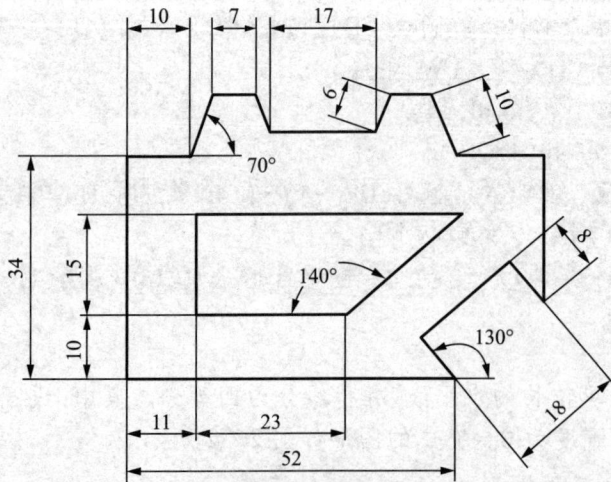

图 2-76　练习题 2-6（5）

情境六 图案填充与编辑

一、图案填充

图案填充是指用指定的图案填充指定的区域。

单击"绘图"工具栏上的"图案填充"按钮 ，或选择"绘图"|"图案填充"菜单命令，或在命令窗口中输入"BHATCH"命令，AutoCAD 弹出图 2-77 所示的"图案填充和渐变色"对话框。对话框中有"图案填充"和"渐变色"两个选项卡。

1. "图案填充"选项卡

此选项卡用于设置填充图案以及相关的填充参数。可通过"类型和图案"选项组确定填充类型与图案，通过"角度和比例"选项组设置填充图案时的图案旋转角度和缩放比例，通过"图案填充原点"选项组控制生成填充图案时的起始位置，"添加：拾取点"按钮和"添加：选择对象"按钮用于确定填充区域。

2. "渐变色"选项卡

切换到"图案填充和渐变色"对话框中的"渐变色"选项卡，如图 2-78 所示。

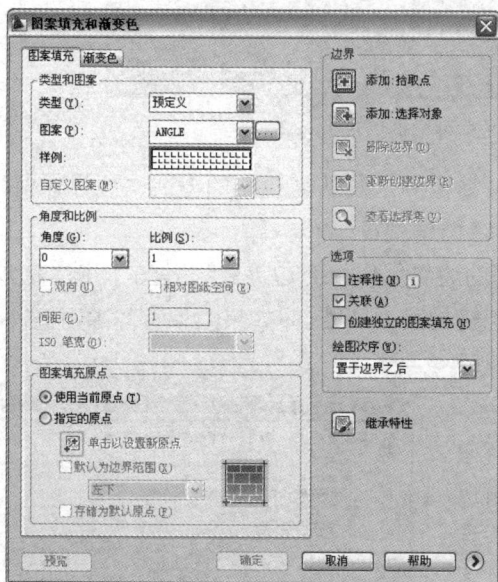

图 2-77 "图案填充和渐变色"对话框　　图 2-78 "图案填充和渐变色"对话框的"渐变色"选项卡

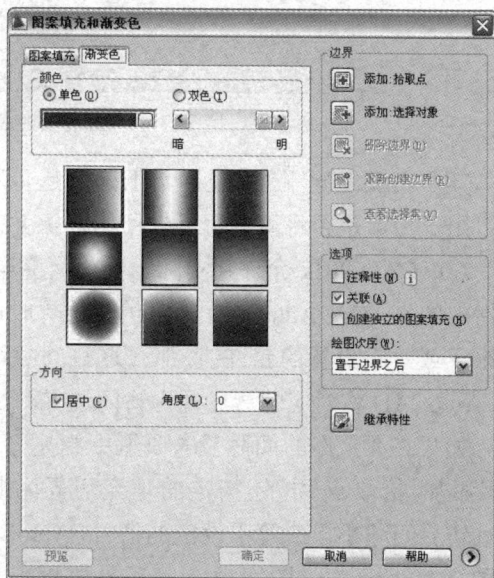

该选项卡用于以渐变方式实现填充。其中，"单色"和"双色"两个单选项用于确定是以一种颜色填充，还是以两种颜色填充。当以一种颜色填充（选中"单色"单选项）时，可利用位于"单色"单选项下方的滑块调整所填充颜色的浓淡度。当以两种颜色填充（选中"双色"单选项）时，位于"双色"单选项下方的滑块变成与其左侧相同的颜色框和按钮，用于确定另一种颜色。位于选项卡中间位置的 9 个图像按钮用于确定填充方式。

此外，还可以通过"角度"下拉列表框确定以渐变方式填充时的旋转角度，通过"居中"复选框指定对称的渐变配置。如果没有选定"居中"，则渐变填充将朝左上方变化，创建出光源在对象左边的图案。

3. 其他选项

如果单击"图案填充和渐变色"对话框中位于右下角位置的小箭头，对话框则变为图 2-79 所示形式，通过其可进行对应的设置。

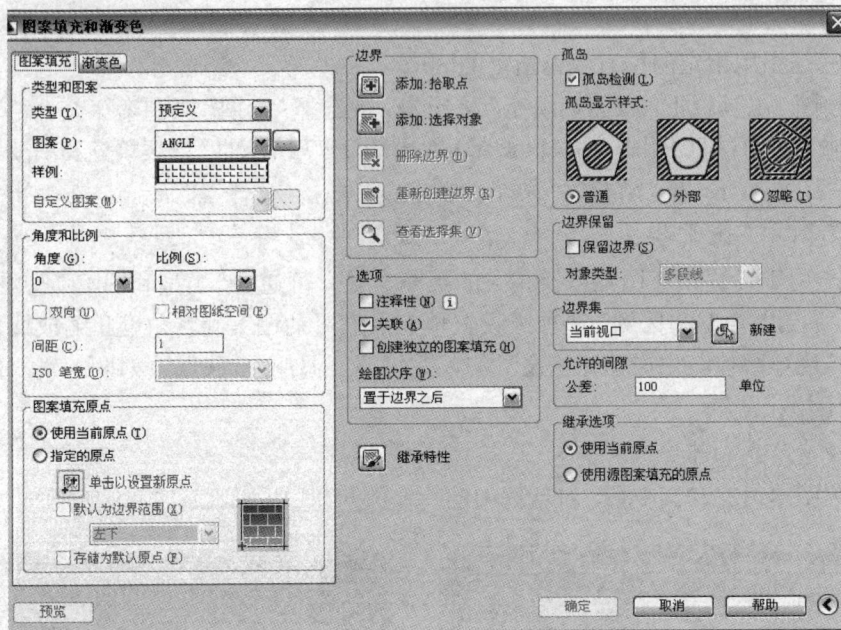

图 2-79 "图案填充和渐变色"对话框的展开形式

其中，"孤岛检测"复选框用于确定是否进行孤岛检测以及孤岛检测的方式，"边界保留"选项组用于指定是否将填充边界保留为对象并确定其对象类型。

AutoCAD 2012 允许将实际上并没有完全封闭的边界用作填充边界。"允许的间隙"选项组中指定的值，就是 AutoCAD 确定填充边界时可以忽略的最大间隙，即如果边界有间隙，且各间隙均小于或等于设置的允许值，那么这些间隙均会被忽略，AutoCAD 将对应的边界视为封闭边界。

如果在"允许的间隙"选项组中指定了值，当通过"添加：拾取点"按钮指定的填充边界为非封闭边界且边界间隙小于或等于设定的值时，AutoCAD 会打开图 2-80 所示的"图案填充 - 开放边界警告"对话框，如果单击"继续填充此区域"，AutoCAD 将对非封闭图形进行图案填充。

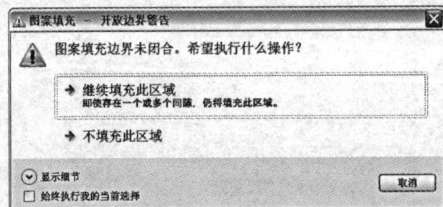

图 2-80 "图案填充 - 开放边界警告"对话框

二、图案编辑

1. 利用对话框编辑图案

单击"修改Ⅱ"工具栏上的"编辑图案填充"按钮 ⬚，或选择"修改"|"对象"|"图案填充"菜单命令，在命令窗口中输入"HATCHEDIT"命令，AutoCAD 提示：

选择关联填充对象：

在该提示下选择已有的填充图案，AutoCAD 弹出图 2-81 所示的"图案填充编辑"对话框。

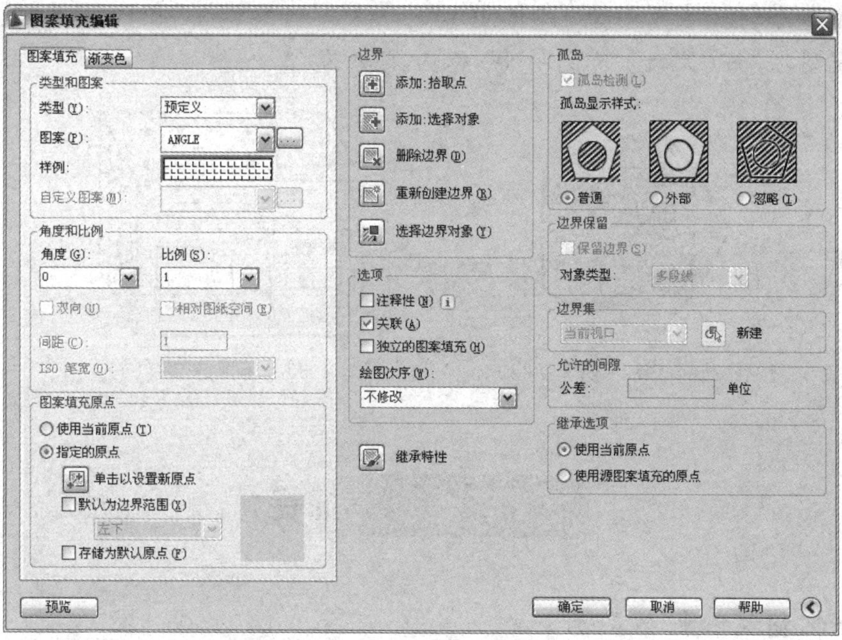

图 2-81 "图案填充编辑"对话框

对话框中只有以正常颜色显示的选项用户才可以操作。该对话框中各选项的含义与"图案填充和渐变色"对话框中各对应项的含义相同。利用此对话框,用户就可以对已填充的图案进行诸如更改填充图案、填充比例、旋转角度等操作。

2. 利用夹点功能编辑填充图案

利用夹点功能也可以编辑填充的图案。当填充的图案是关联填充时,通过夹点功能改变填充边界后,AutoCAD 会根据边界的新位置重新生成填充图案。

◦ 🖥 练习题 2-7 ◦

1. 绘制图 2-82 所示的套类零件剖视图。

2. 绘制图 2-83 所示的五角星。

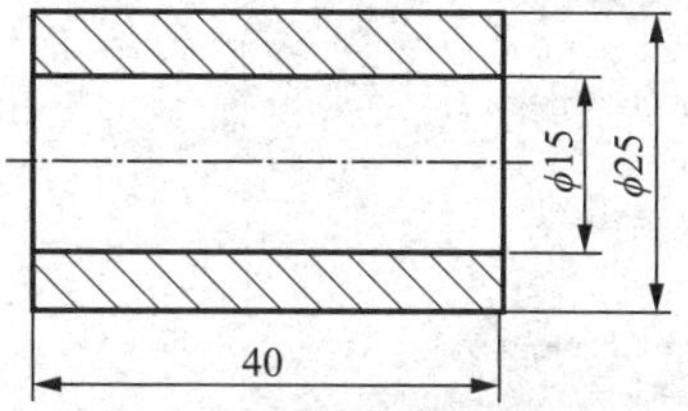

图 2-82 练习题 2-7(1)

图 2-83 练习题 2-7(2)

3. 绘制图 2-84 所示的多棱花效果图。提示:绘制正六边形(内接于圆,$R60$),使用"图案填充和渐变色"对话框的"渐变色"选项卡对实施阵列后的图形的闭合区域进行填充(外闭合区用蓝色,内闭合区用红色)。

4. 绘制图 2-85 所示的"田间小房"。提示:"图案填充和渐变色"对话框的各项设置如下。

前墙:类型为"预定义",图案为"BRSTD"。

房顶:类型为"预定义",图案为"GRASS"。

侧面：类型为"预定义"，图案为"HONEY"。

窗棂：类型为"用户定义"，角度为"0"，双向，间距为"3"。

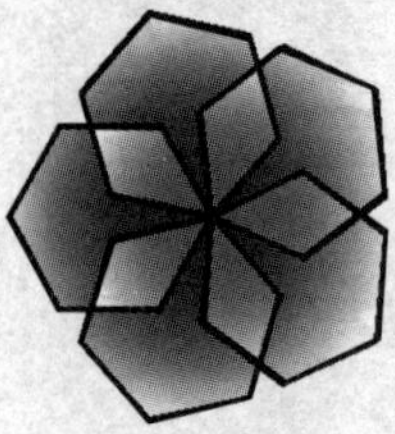

图2-84 练习题2-7(3)

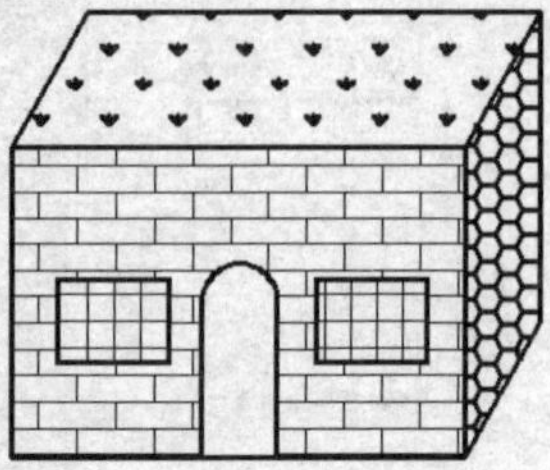

图2-85 练习题2-7(4)

情境七 捕捉

一、栅格捕捉和栅格显示

利用栅格捕捉，可以使光标在绘图窗口中按指定的步距移动，就像在屏幕上隐含分布着按指定行间距和列间距排列的栅格点，这些栅格点对光标有吸附作用，即能够捕捉光标，使光标只能落在由这些点确定的位置上，从而使光标只能按指定的步距移动。栅格显示是指在屏幕上显式分布一些按指定行间距和列间距排列的栅格点，就像在屏幕上铺了一张坐标纸。用户可根据需要设置是否启用栅格捕捉和栅格显示功能，还可以设置对应的间距。

选择"工具"|"草图设置"菜单命令，AutoCAD弹出"草图设置"对话框，对话框中的"捕捉和栅格"选项卡（如图2-86所示）用于栅格捕捉、栅格显示方面的设置。在状态栏上的"捕捉"或"栅格"按钮上右击，从快捷菜单中选择"设置"命令，也可以打开"草图设置"对话框。

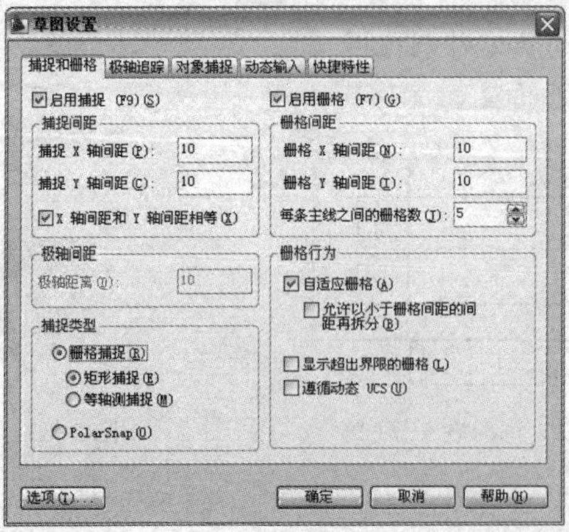

图2-86 "草图设置"对话框的"捕捉和栅格"选项卡

在图2-86中，"启用捕捉""启用栅格"复选框分别用于启用栅格捕捉和栅格显示功能。"捕捉间距""栅格间距"选项组分别用于设置捕捉间距和栅格间距。用户可通过此对话框进行其他设置。

二、正交功能

利用正交功能,用户可以方便地绘制与当前坐标系统的 X 轴或 Y 轴平行的线段(对于二维绘图而言,就是水平线或垂直线)。

单击状态栏上的"正交"按钮可快速实现正交功能启用与否的切换。

三、对象捕捉

利用对象捕捉功能,在绘图过程中可以快速、准确地确定一些特殊点,如圆心、端点、中点、切点、交点、垂足等。可以通过"对象捕捉"工具栏和"对象捕捉"菜单(按下 Shift 键后右击可弹出此菜单)启动对象捕捉功能,如图 2-87 所示。

(a)"对象捕捉"工具栏　　　　　　(b)"对象捕捉"菜单

图 2-87　对象捕捉

对象捕捉功能包括捕捉端点、捕捉中点、捕捉交点、捕捉外观交点、捕捉延长线、捕捉圆心、捕捉象限点、捕捉切点、捕捉垂足、捕捉平行线、捕捉插入点、捕捉节点、捕捉最近点、捕捉临时追踪点、相对于已有点得到特殊点等。

四、对象自动捕捉

对象自动捕捉(简称自动捕捉)又称为隐含对象捕捉,利用此捕捉模式可以使 AutoCAD 自动捕捉到某些特殊点。

选择"工具"|"草图设置"菜单命令,从弹出的"草图设置"对话框中选择"对象捕捉"选项卡,如图 2-88 所示。在状态栏上的"对象捕捉"按钮上右击,从快捷菜单中选择"设置"命令可以打开该对话框。

在"对象捕捉"选项卡中,可以通过"对象捕捉模式"选项组中的各复选框确定自动捕捉模式,即确定使 AutoCAD 自动捕捉到哪些点;"启用对象捕捉"复选框用于确定是否启用自动捕捉功能;"启用对象捕捉追踪"复选框则用于确定是否启用对象捕捉追踪功能,后面将介绍该功能。

利用"对象捕捉"选项卡设置默认捕捉模式并启用对象自动捕捉功能后,在绘图过程中每当 AutoCAD 提示用户确定点时,如果使光标位于在自动捕捉模式中设置的对应点的附近,AutoCAD 会自动捕捉到这些点,并显示出小标签,此时单击拾取键,AutoCAD 就会以该捕捉点为相应点。

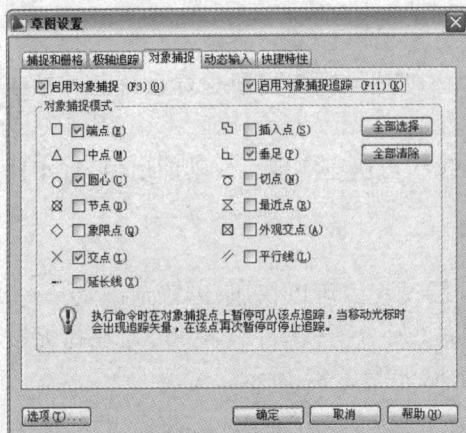

图 2-88 "草图设置"对话框的"对象捕捉"选项卡

五、极轴追踪

所谓极轴追踪,是指当 AutoCAD 提示用户指定点的位置(如指定直线的另一端点)时,拖动光标,使光标接近预先设定的方向(即极轴追踪方向),AutoCAD 会自动将橡皮筋线吸附到该方向,同时沿该方向显示出极轴追踪矢量,并浮出一个小标签,说明当前光标位置相对于前一点的极坐标,如图 2-89 所示。

可以看出,当前光标位置相对于前一点的极坐标为"33.3 < 135º",即两点之间的距离为33.3,极轴追踪矢量与 X 轴正方向的夹角为 135º。此时单击拾取键,AutoCAD 会将该点作为绘图所需点;如果直接输入一个数值(如输入"50"),AutoCAD 则沿极轴追踪矢量方向按此长度值确定出点的位置;如果沿极轴追踪矢量方向拖动鼠标,AutoCAD 会通过浮出的小标签动态显示与光标位置对应的极轴追踪矢量的值(即显示"距离<角度")。

用户可以设置是否启用极轴追踪功能以及极轴追踪方向等性能参数,设置过程为:选择"工具"|"草图设置"菜单命令,AutoCAD 弹出"草图设置"对话框,打开对话框中的"极轴追踪"选项卡,如图 2-90 所示,根据需要设置即可。在状态栏上的"极轴"按钮上右击,从快捷菜单选择"设置"命令,也可以打开图 2-90 所示的对话框。

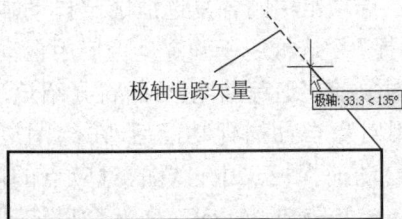

图 2-89 极轴追踪光标

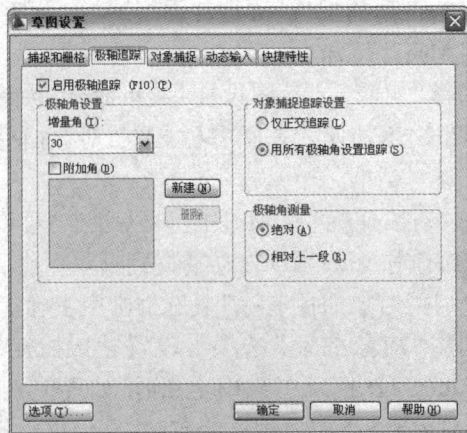

图 2-90 "草图设置"对话框的"极轴追踪"选项卡

六、对象捕捉追踪

对象捕捉追踪是对象捕捉与极轴追踪的综合应用。例如,已知图 2-91(a)中有一个圆和一条直线,当执行"直线"命令确定直线的起始点时,利用对象捕捉追踪功能可以找到一些特殊点,如图 2-91(b)和图 2-91(c)所示。

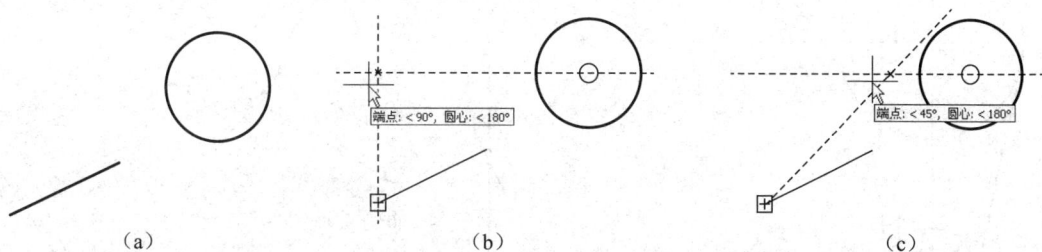

（a）　　　　　　　　　　（b）　　　　　　　　　　（c）

图 2-91　对象捕捉追踪应用

图 2-91(b)中捕捉到的点的 X、Y 坐标分别与已有直线端点的 X 坐标和圆心的 Y 坐标相同。图 2-91(c)中捕捉到的点的 Y 坐标与圆心的 Y 坐标相同,且位于相对于已有直线端点的 45º 方向。如果单击拾取键,就会得到对应的点。

• 练习题2-8 •

1. 绘制图 2-92 所示的图形。

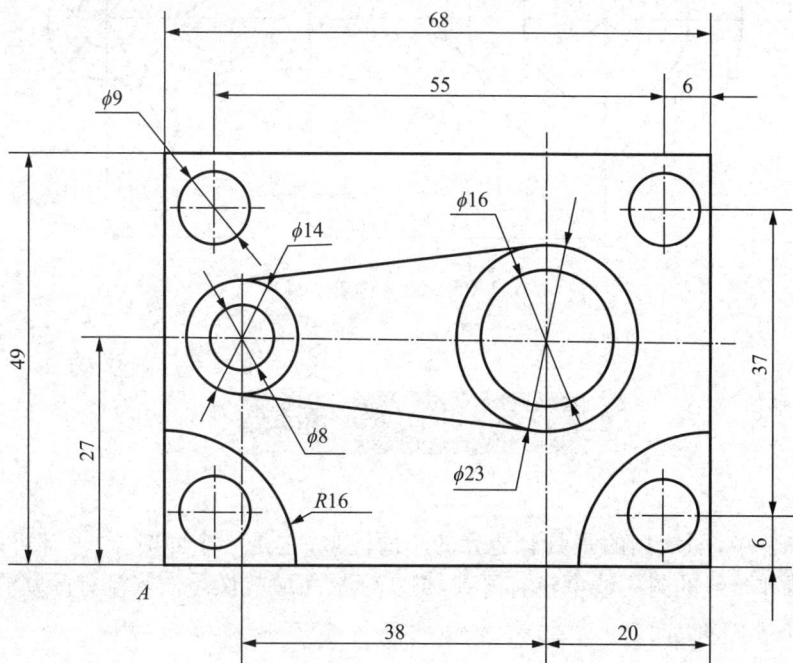

图 2-92　练习题 2-8(1)

2. 绘制图 2-93 所示的图形。
3. 绘制图 2-94 所示的图形。
4. 绘制图 2-95 所示的图形。

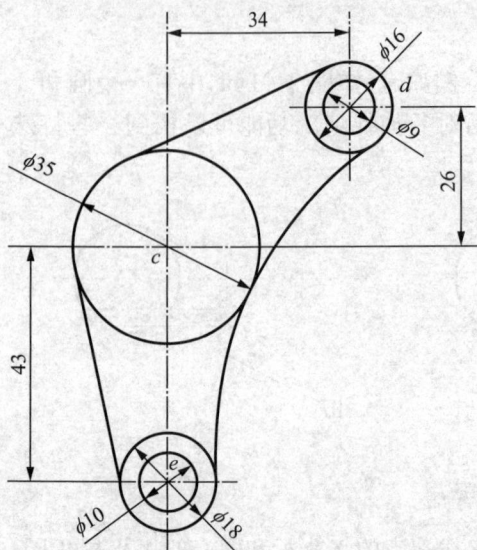

图 2-93　练习题 2-8（2）

图 2-94　练习题 2-8（3）

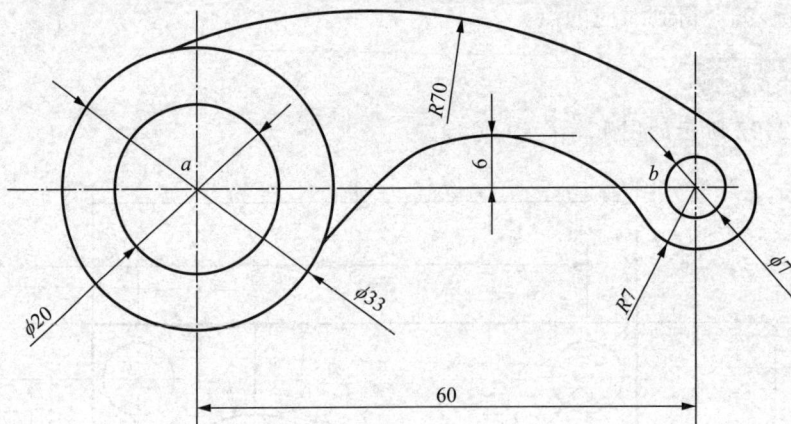

图 2-95　练习题 2-8（4）

🖐️ 情境八　面域

在 AutoCAD 中,面域指的是具有边界的平面区域,它是一个面对象,内部可以包含孔。从外观来看,面域和一般的封闭线框没有区别,但实际上面域就像是一张没有厚度的纸,除了包括边界,还包括边界内的平面。

一、将图形转换为面域

在 AutoCAD 中,用户可以将由某些对象围成的封闭区域转换为面域,这些封闭区域可以是圆、椭圆、封闭的二维多段线或封闭的样条曲线等对象,也可以是由圆弧、直线、二维多段线、椭圆弧、样条曲线等对象构成的封闭区域。

二、创建面域

选择"绘图"|"面域"菜单命令,或在命令窗口中输入"REGION"命令,或在"绘图"工具栏中单击"面域"按钮 ◙ ,可以将图形转化为面域。执行"面域"命令后,AutoCAD 提示:

选择对象:

用户在选择要转换为面域的对象后,按下 Enter 键即可将该图形转换为面域。此外,用户还可以选择"绘图"|"图案填充"菜单命令,使用打开的图 2-79 所示的"图案填充和渐变色"对话框来定义面域。此时,若在该对话框的"对象类型"下拉列表框中选择"面域"选项,那么创建的图形将是一个面域,而不是边界。在 AutoCAD 中创建面域时,应注意以下几点:

(1)面域总是以线框的形式显示,用户可以对面域进行复制、移动等编辑操作。

(2)在创建面域时,如果系统变量 DELOBJ 的值为 1,AutoCAD 在定义了面域后将删除原始对象;如果 DELOBJ 的值为 0,则在定义面域后不删除原始对象。

(3)如果要分解面域,可以选择"修改"|"分解"菜单命令,将面域的各个环转换成相应的线、圆等对象。

三、对面域进行布尔运算

布尔运算是数学上的一种逻辑运算。在 AutoCAD 中绘图时使用布尔运算,可以大大提高绘图效率,尤其是绘制比较复杂的图形时。布尔运算的对象只包括实体和共面的面域,对于普通的线条图形对象,则无法使用布尔运算。

在 AutoCAD 中,用户可以对面域执行并集、差集及交集 3 种布尔运算,各种运算效果如图 2-96 所示。

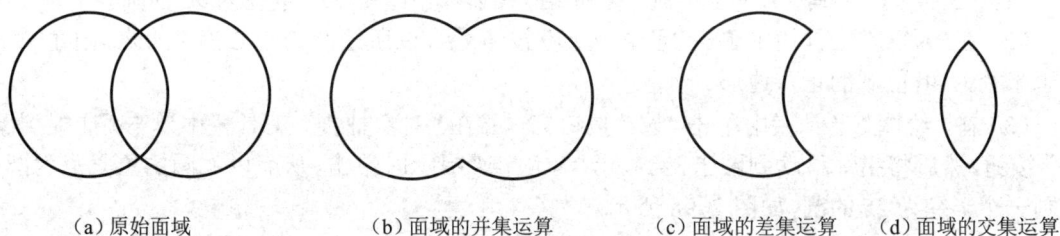

(a)原始面域　　　　(b)面域的并集运算　　　　(c)面域的差集运算　　　　(d)面域的交集运算

图 2-96　面域的布尔运算

1. 并集运算

选择"修改"|"实体编辑"|"并集"菜单命令,或在命令窗口中输入"UNION"命令,可以执行面域的并集运算。执行命令后,AutoCAD 提示:

选择对象:

用户在选择需要进行并集运算的面域后按 Enter 键,AutoCAD 即可对所选择的面域执行并集运算,将其合并为一个图形。

2. 差集运算

选择"修改"|"实体编辑"|"差集"菜单命令,或在命令窗口中输入"SUBTRACT"命令,可以执行面域的差集运算,即使用一个面域减去另一个面域。执行命令后,AutoCAD 提示:

选择要从中减去的实体或面域 …

选择对象:

在选择要从中减去的实体或面域后按 Enter 键，AutoCAD 提示：

选择要减去的实体或面域 …

选择对象：

选择要减去的实体或面域后按 Enter 键，AutoCAD 将从第一次选择的面域中减去第二次选择的面域。

3. 交集运算

选择"修改"|"实体编辑"|"交集"菜单命令，或在命令窗口中输入"INTERSECT"命令，可以创建多个面域的交集，即各个面域的公共部分。只需在执行交集运算后，选择要执行交集运算的面域，然后按 Enter 键即可。

例题 2-10 **利用面域的布尔运算，绘制图 2-97 所示的面域。**

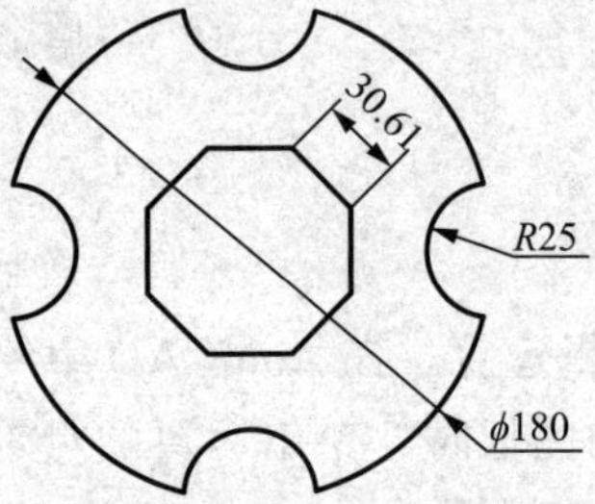

图 2-97 例题 2-10

◆ 绘图步骤：

（1）在"绘图"工具栏中单击"圆"按钮 ◉，在窗口中绘制一个半径为 90 的圆。

（2）在"绘图"工具栏中单击"正多边形"按钮 ⬠，以所绘圆的圆心为中心点，创建一个内接于半径为 40 的圆的正八边形。

（3）在"绘图"工具栏中单击"圆"按钮 ◉，并在"对象捕捉"工具栏中单击"捕捉到象限点"按钮，然后将指针移动到圆上，当显示"象限点"提示时单击，从而以大圆的象限点为圆心，绘制一个半径为 25 的圆，如图 2-98 所示。

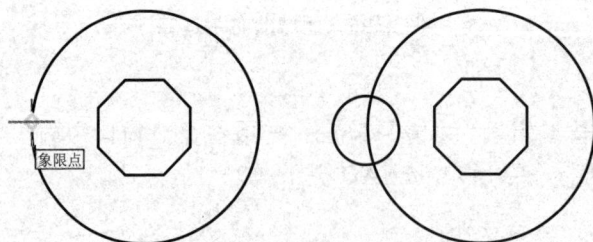

图 2-98 以大圆的象限点为圆心绘制圆

（4）采用同样的方法，绘制其他几个圆，如图 2-99 所示。

（5）选择"绘图"|"面域"菜单命令，并在绘图窗口中选择大圆和 4 个小圆，然后按 Enter 键，将其转换为面域。

（6）选择"修改"|"实体编辑"|"差集"菜单命令，选择大圆作为要从中减去的面域，按 Enter 键后，依次单击 4 个小圆作为被减去的面域，然后再按 Enter 键，即可得到经过差集运算后的新面域，如图 2-97 所示。

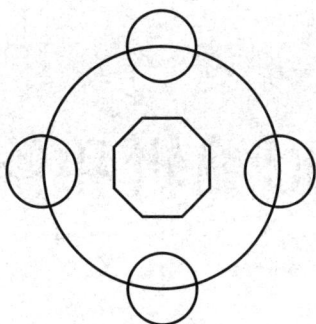

图 2-99 绘制其他的圆

· 🖥 练习题2-9 ·

1.利用并集运算合并两个面域,如图 2-100 所示。

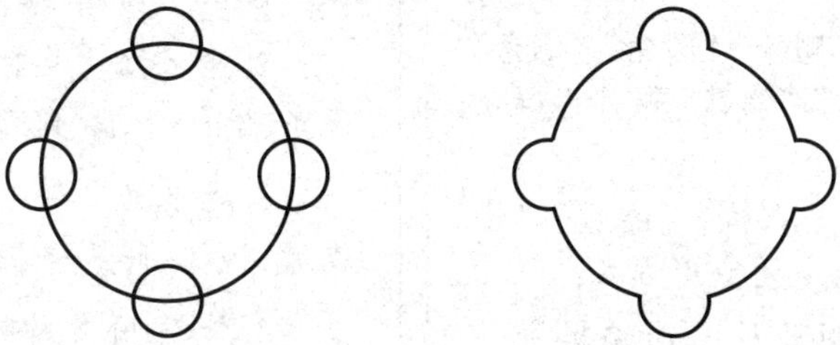

（a）并集运算前　　　　　　　　（b）并集运算后

图 2-100 练习题 2-9（1）

2.利用差集运算合并两个面域,如图 2-101 所示。

（a）差集运算前　　　　　　　　（b）差集运算后

图 2-101 练习题 2-9（2）

模块三

图形编辑和修改

📖 知识目标

1. 掌握"修改"工具栏的工具使用及不同的绘图方式;

2. 掌握"选择""删除""圆角""倒角""拉伸""修剪""延伸""偏移"等常用命令的使用方式;

3. 掌握"复制""旋转""缩放""镜像""阵列"等常用命令的使用方式;

4. 掌握综合运用多种图形编辑命令绘制图形的方法。

🎯 技能目标

1. 能使用 AutoCAD 提供的"修改"命令修改所需图形;

2. 能根据需要对图形进行选择、删除、圆角、倒角、拉伸、修剪、延伸、偏移等操作;

3. 能根据需要对图形进行复制、旋转、缩放、镜像、阵列等操作;

4. 能运用多种绘图命令和图形修改命令绘制图形。

👆 情境一　选择和删除

一、选择对象

1. 选择对象的方式

当启动 AutoCAD 2012 的某些编辑命令或其他某些命令后,AutoCAD 通常会提示"选择对象:",即要求用户选择要进行操作的对象,同时把十字光标改为小方框形状(称为拾取框),如图 3-1 所示,此时用户应选择对应的操作对象。

常用选择对象的方式如下:

(1)使用光标直接选择。

用光标直接单击图形对象,被选中的对象将以带有夹点的虚线显示,如图 3-2 所示,选择一条直线和一个圆。如果需要选择多个图形对象,可以继续单击需要选择的图形对象。

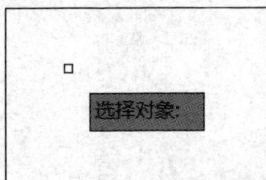

图 3-1　拾取框

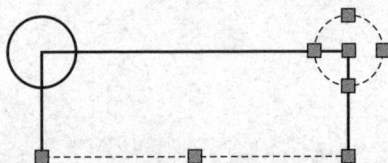

图 3-2　鼠标单击选择对象

46

（2）选择全部对象。

在绘图过程中，如果用户需要选择全部图形对象，可以利用以下三种方法：

① 选择"编辑"|"全部选择"菜单命令。

② 按键盘上的 Ctrl+A 键。

③ 使用编辑工具时，当命令窗口提示"选择对象："时，输入"all"，并按 Enter 键。

（3）矩形窗口选择方式。

当用户需要选择多个对象时，应该使用矩形窗口选择对象。在需要选择多个图形对象的左上角或左下角单击，并向右下角或右上角方向移动鼠标，系统将显示一个蓝色的矩形框，当矩形框将需要选择的图形对象包围后，单击鼠标，包围在矩形框中的所有对象就被选中，如图 3-3 所示，选中的对象以虚线显示。

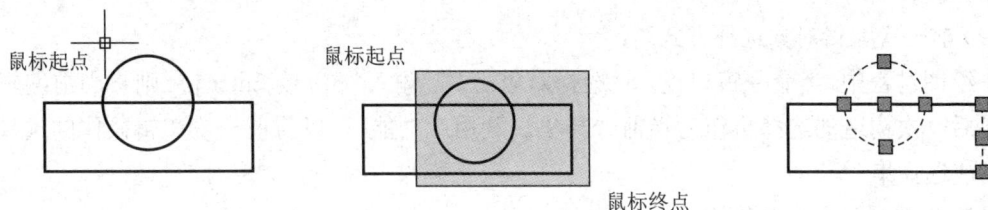

图 3-3　矩形窗口选择对象

（4）交叉矩形窗口选择方式。

在需要选择的对象右上角或右下角单击，并向左下角或左上角方向移动鼠标，系统将显示一个绿色的矩形虚线框，当虚线框将需要选择的图形对象包围后，单击鼠标，虚线框包围和相交的所有对象就被选中，如图 3-4 所示，被选中的对象以虚线显示。

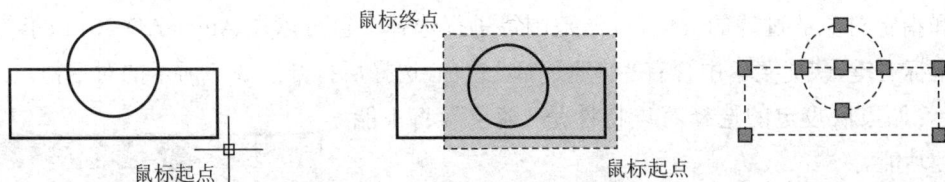

图 3-4　交叉矩形窗口选择对象

提示：利用矩形窗口选择对象时，与矩形框边线相交的对象将不被选中；而利用交叉矩形窗口选择对象时，与矩形虚线框边线相交的对象将被选中。

（5）不规则窗口选择方式。

当命令窗口提示"选择对象："时，输入"wp"，按 Enter 键，可以构造一个任意闭合不规则多边形，在此多边形内完全被包围的被选中，部分被包围的则不被选中。

不规则窗口选择方式类似于从左向右定义的矩形窗口选择方式，不同的是，不规则窗口选择该方式可构造任意形状的多边形。

（6）不规则交叉窗口选择方式。

在绘图过程中，当命令窗口提示"选择对象："时，输入"cp"，按 Enter 键，则用户可以通过绘制一个封闭多边形来选择对象，完全被多边形包围以及与多边形相交的对象都将被选中。

不规则交叉窗口选择方式类似于从右向左定义的矩形窗口选择方式，不同的是，不规则交叉窗口选择方式可构造任意形状的多边形。

（7）重叠对象选择方式。

当一个对象与其他对象彼此接近或重叠时，准确选择某一个对象是很困难的，需要用到键盘上的 Shift 键和 Space 键。操作方法是：先将鼠标移动到重叠对象上，然后按住 Shift 键（一直按着），再敲击 Space 键，每按一次 Space 键，对象都会轮流高亮显示，最后松开 Shift 键和 Space 键，左键单击即可选中需要的对象。

（8）围线选择方式。

在绘图过程中，当命令窗口提示"选择对象："时，输入"f"，按 Enter 键，则用户可以连续选择以绘制数条折线，此时折线以虚线显示，折线绘制完成后按 Enter 键，所有与折线相交的图形对象都将被选中。

（9）前一次编辑对象选择方式。

在绘图过程中，当命令窗口提示"选择对象："时，输入"p"，按 Enter 键，则将当前编辑命令之前最后一次构造的选择集作为当前选择集。利用此功能，可以将前一次编辑操作的选择对象作为当前选择集。

（10）选择最后创建的图形。

在绘图过程中，当命令窗口提示"选择对象："时，输入"1"，按 Enter 键，则用户可以选择最后建立的对象。

（11）快速选择。

通过快速选择可得到一个按过滤条件构造的选择集，比如某个图层或某个颜色全部被选中。输入命令"QSELECT"后，弹出图 3-5 所示的"快速选择"对话框，可以按指定的过滤对象的类型和指定对象欲过滤的特性、过滤范围等进行选择。也可以在 AutoCAD 2012 的绘图窗口中单击鼠标右键，快捷菜单中含有"快速选择"选项，选择后打开图 3-5 所示的对话框。

提示：如果所设定的选择对象特性是"随层"，将不能使用这项功能。

◎"应用到"下拉列表框：用于设置快速选择的范围。

◎"选择对象"按钮：用于选择要设置条件过滤的对象。

◎"对象类型"下拉列表框：用于设置选择对象的类型。

◎"特性"列表框：用于为过滤指定对象特性。

◎"运算符"下拉列表框：用于控制过滤器的范围。

◎"值"下拉列表框：用于过滤特定值。

◎"包括在新选择集中"单选项：用于选择符合条件的对象。

◎"排除在新选择集之外"单选项：用于选择不符合条件的对象。

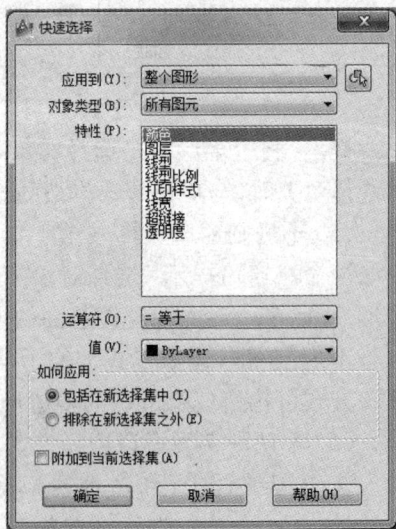

图 3-5 "快速选择"对话框

◎"附加到当前选择集"复选框：用于将所选择的对象添加到当前选择集中。

2. 取消选择

（1）取消所有选择的对象。

要取消所有选择的对象，有以下两种方法：

① 按键盘上的 Esc 键；

② 在绘图窗口内右击，在快捷菜单中选择"全部不选"命令。

（2）取消部分选择的对象。

要取消部分选择的对象，有以下两种方法：

① 利用 Shift 键反选。

先框选所需的对象，当然框选有可能选择了不想选的对象，再按住 Shift 键框选不想选择的对象，就可以取消多余的选择。

② 利用扣除模式。

在选择对象的过程中输入"r"，按 Enter 键，即可进入扣除模式。在此模式下，可以让一个或一部分对象退出选择集。

二、删除对象

删除指定的对象，就像是用橡皮擦除图纸上不需要的内容。

单击"修改"工具栏上的"删除"按钮 ，或选择"修改"|"删除"菜单命令，或在命令窗口中输入"ERASE"命令，AutoCAD 提示：

选择对象：（选择要删除的对象）

选择对象：✓（也可以继续选择对象）

三、移动对象

移动对象是指将选中的对象从当前位置移到另一位置，即更改图形在图纸上的位置。

单击"修改"工具栏上的"移动"按钮 ，或选择"修改"|"移动"菜单命令，或在命令窗口中输入"MOVE"命令，AutoCAD 提示：

选择对象：（选择要移动位置的对象）

选择对象：✓（也可以继续选择对象）

指定基点或 [位移（D）] ＜位移＞：

（1）"指定基点"选项。

该选项用于确定移动基点，为默认项。执行该默认项，即指定移动基点后，AutoCAD 提示：

指定第二个点或＜使用第一个点作为位移＞：

在此提示下指定一点作为位移第二点，或直接按 Enter 键或 Space 键，将第一点的各坐标分量（也可以看成位移量）作为位移量移动对象。

（2）"位移"选项。

该选项用于根据位移量移动对象。执行该选项，AutoCAD 提示：

指定位移：

如果在此提示下输入坐标值（直角坐标或极坐标），AutoCAD 将与各坐标值对应的坐标分量作为位移量移动对象。

◦ 💻 练习题 3-1

使正五边形沿矩形的各个顶点移动,如图 3-6 所示。

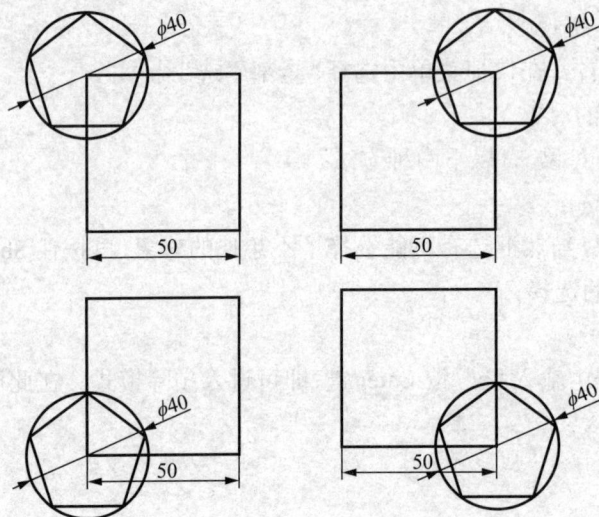

图 3-6　练习题 3-1

👆 **情境二　绘制圆角、倒角**

一、创建圆角

单击"修改"工具栏上的"圆角"按钮 ▢ ,或选择"修改"|"圆角"菜单命令,或在命令窗口中输入"FILLET"命令,AutoCAD 提示如图 3-7 所示。

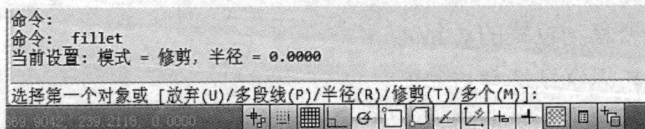

图 3-7　"圆角"命令窗口

提示中,"当前设置:模式 = 修剪,半径 = 0.0000"说明当前的创建圆角操作采用了"修剪"模式,且圆角半径为"0"。"选择第一个对象或 [放弃(U) / 多段线(P) / 半径(R) / 修剪(T) / 多个(M)] :"的含义如下:

(1)"选择第一个对象"选项。

该选项要求选择创建圆角的第一个对象,为默认项。用户选择后,AutoCAD 提示:

选择第二个对象,或按住 Shift 键选择要应用角点的对象:

在此提示下选择另一个对象,AutoCAD 按当前的圆角半径设置为它们创建圆角。如果按住 Shift 键选择相邻的另一个对象,则可以使两个对象准确相交。

(2)"多段线"选项。

该选项用于为二维多段线创建圆角。

（3）"半径"选项。

该选项用于设置圆角半径。

（4）"修剪"选项。

该选项用于确定创建圆角操作的修剪模式。

（5）"多个"选项。

执行该选项且用户选择两个对象创建出圆角后，可以继续为其他对象创建圆角，不必重新执行"FILLET"命令。

例题 3-1 绘制图 3-8 所示的吊钩，学习"圆角"命令的使用技巧与方法。

◆绘图步骤：

（1）按照尺寸绘制出轮廓，注意确定钩尖 R23 和 R40 的圆心，如图 3-9 所示。

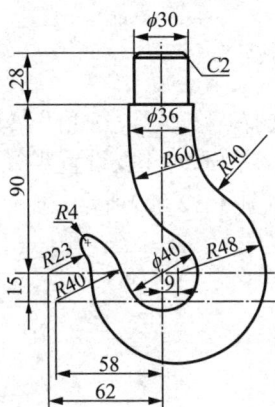

图 3-8 例题 3-1　　　　图 3-9 绘图步骤（1）

（2）单击"修改"工具栏上的"圆角"按钮，或选择"修改"|"圆角"菜单命令，或者在命令窗口中输入"FILLET"。键盘输入"r"后按 Enter 键或者 Space 键，输入右侧圆角半径"40"，提示选择第一个对象和第二个对象，如图 3-10（a）所示，修剪后如图 3-10（b）所示。

（a）　　　　　　　　（b）

图 3-10 绘图步骤（2）

（3）单击"修改"工具栏上的"圆角"按钮，或选择"修改"|"圆角"菜单命令，或者在命令窗口中输入"FILLET"。键盘输入"r"后按 Enter 键或者 Space 键，设置半径为"60"，提示选

51

择第一个对象和第二个对象,如图 3-11(a)所示,修剪后如图 3-11(b)所示。

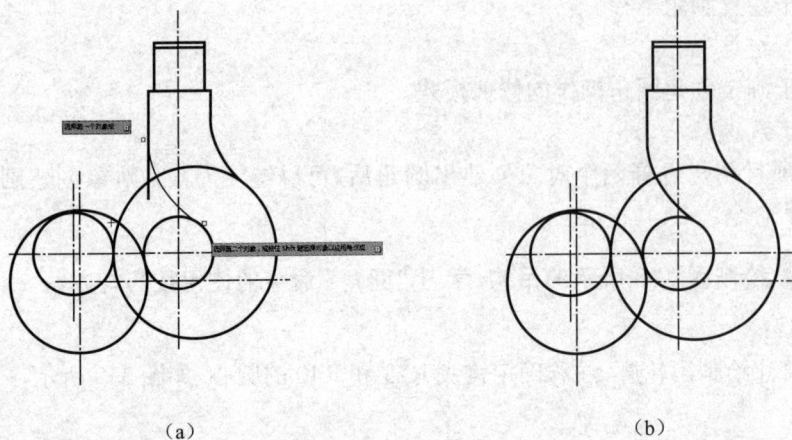

(a)   (b)

图 3-11 绘图步骤(3)

(4)单击"修改"工具栏上的"圆角"按钮，或选择"修改"|"圆角"菜单命令,或者在命令窗口中输入"FILLET"。键盘输入"r"后按 Enter 键或者 Space 键,设置半径为"4",提示选择第一个对象和第二个对象,如图 3-12(a)所示,修剪后如图 3-12(b)所示。

(5)删除和修剪多余线条后如图 3-13 所示。

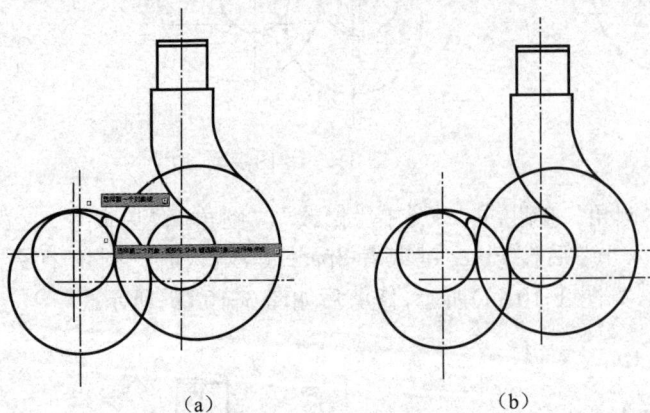

(a)   (b)

图 3-12 绘图步骤(4)   图 3-13 绘图步骤(5)

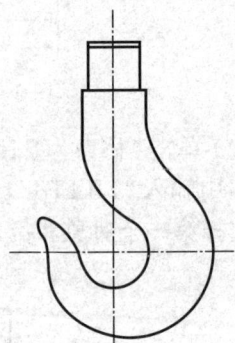

二、创建倒角

创建倒角在两条直线之间进行。

单击"修改"工具栏上的"倒角"按钮，或选择"修改"|"倒角"菜单命令,或在命令窗口中输入"CHAMFER"命令,AutoCAD 提示:

("修剪"模式)当前倒角距离 1 = 0.0000,距离 2 = 0.0000(说明当前的倒角操作属于"修剪"模式,且第一、第二倒角距离分别为 1 和 2)

选择第一条直线或[放弃(U)/多段线(P)/距离(D)/角度(A)/修剪(T)/方式(E)/多个(M)]:

(1)"选择第一条直线"选项。

该选项要求选择进行倒角的第一条线段,为默认项。选择某一线段,即执行默认项后,AutoCAD 提示:

选择第二条直线,或按住 Shift 键选择要应用角点的直线:

在该提示下选择相邻的另一条线段即可。

(2)"多段线"选项。

该选项用于对整条多段线进行倒角。

(3)"距离"选项。

该选项用于设置倒角距离。

(4)"角度"选项。

该选项用于根据倒角距离和角度设置倒角尺寸。

(5)"修剪"选项。

该选项用于确定倒角后是否对相应的倒角边进行修剪。

(6)"方式"选项。

该选项用于确定将以什么方式进行倒角,可以根据已设置的倒角距离倒角,也可以根据距离和角度设置倒角,如图 3-14 所示。

(7)"多个"选项。

如果执行该选项,当用户选择了两条直线进行倒角后,可以继续对其他直线进行倒角,不必重新执行"CHAMFER"命令。

(8)"放弃"选项。

该选项用于放弃已进行的设置或操作。

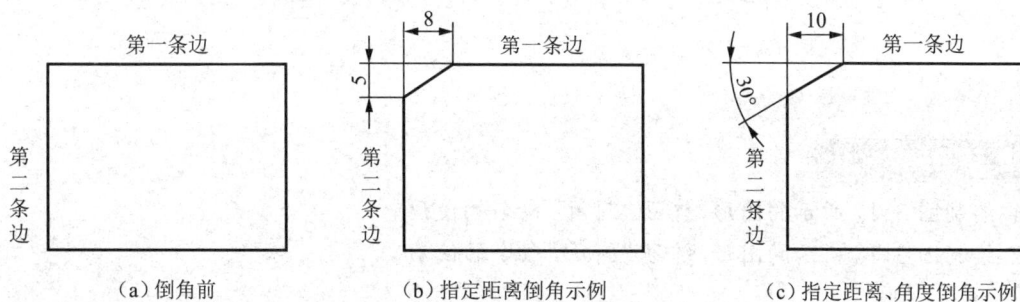

图 3-14　倒角示例

例题 3-2　**在图 3-13 中修剪上方 2×2 的倒角。**

◆绘图步骤:

(1)修剪右边倒角。单击"修改"工具栏上的"倒角"按钮，或选择"修改"|"倒角"菜单命令,或在命令窗口中输入"CHAMFER"。输入"t"进入修剪模式,输入"d"指定两个倒角的距离,指定第一个倒角距离为"2",指定第二个倒角距离为"2"。选择第一条直线和第二条直线,如图 3-15(a)所示,修剪完成后如图 3-15(b)所示。

(2)修剪左边倒角。单击"修改"工具栏上的"倒角"按钮，或选择"修改"|"倒角"菜单命令,或在命令窗口中输入"CHAMFER"。选择第一条直线和第二条直线,如图 3-16(a)所示,修剪完成后如图 3-16(b)所示。

（a）　　　　　　　　　　　　（b）

图 3-15　绘制步骤（1）

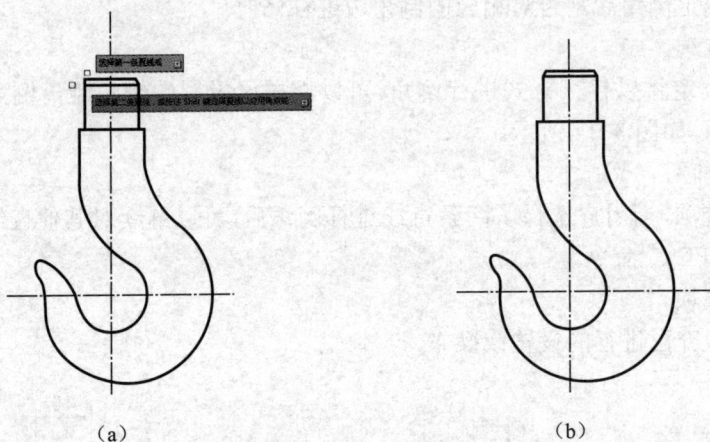

（a）　　　　　　　　　　　　（b）

图 3-16　绘图步骤（2）

● 🖥 练习题 3-2 ●

1. 绘制图 3-17 所示的图形，练习"圆角"命令的使用。

2. 绘制图 3-18 所示的图形，练习"圆角"命令的使用。

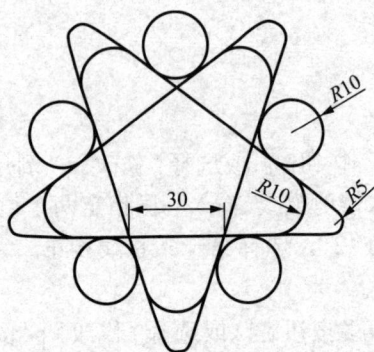

图 3-17　练习题 3-2（1）

图 3-18　练习题 3-2（2）

3. 绘制图 3-19 所示的图形，练习"圆角"命令的使用。

4. 绘制图 3-20 所示的图形,练习"圆角"命令的使用。

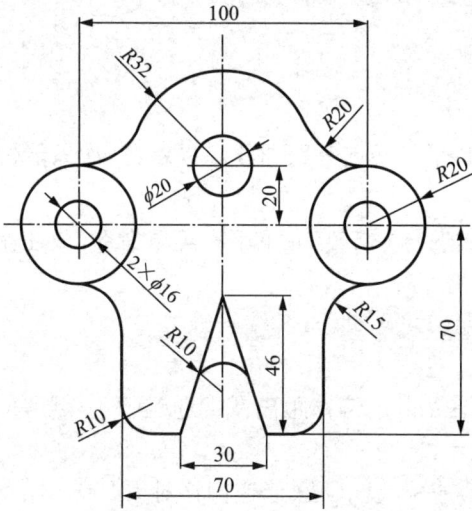

图 3-19 练习题 3-2(3)　　　　图 3-20 练习题 3-2(4)

5. 绘制图 3-21 所示的图形,练习"倒角"命令的使用。左右两边小半圆可以使用"圆角"命令。

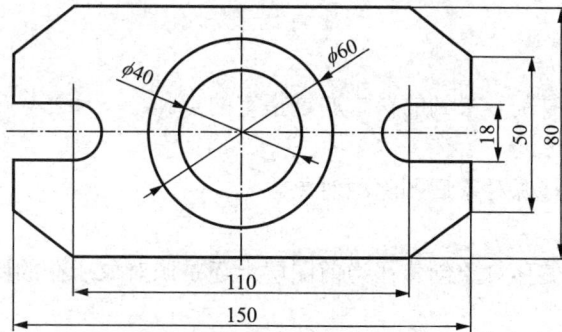

图 3-21 练习题 3-2(5)

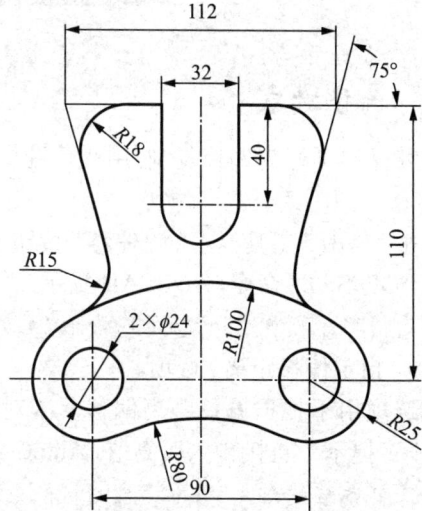

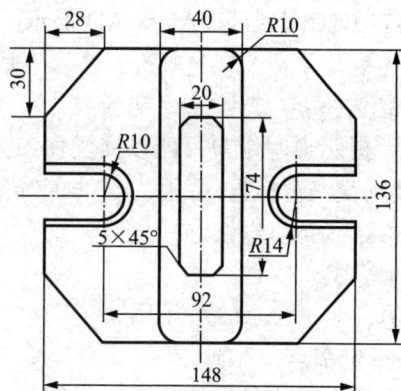

6. 绘制图 3-22 所示的图形,练习"倒角"命令的使用。

7. 绘制图 3-23 所示的图形,练习"倒角"命令的使用。

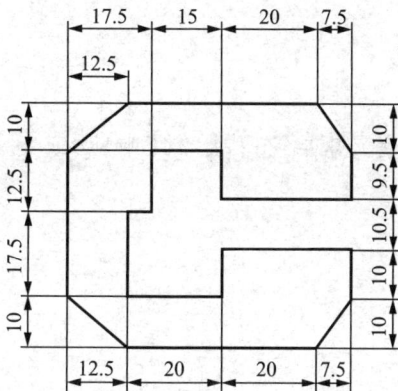

图 3-22 练习题 3-2(6)　　　　图 3-23 练习题 3-2(7)

情境三　**偏移和修改**

一、偏移对象

偏移操作又称为偏移复制,用于创建同心圆、平行线或等距曲线。提示:一次只能偏移一个对象。

单击"修改"工具栏上的"偏移"按钮 ,或选择"修改"|"偏移"菜单命令,或在命令窗口中输入"OFFSET"命令,AutoCAD 提示:

指定偏移距离或［通过(T)/删除(E)/图层(L)］<通过>:

(1)"指定偏移距离"选项。

该选项用于根据偏移距离偏移复制对象。在"指定偏移距离或［通过(T)/删除(E)/图层(L)］:"提示下直接输入距离值,AutoCAD 提示:

选择要偏移的对象,或［退出(E)/放弃(U)］<退出>:(选择偏移对象)

指定要偏移的那一侧上的点,或［退出(E)/多个(M)/放弃(U)］<退出>:(在要复制到的一侧任意确定一点。"多个"选项用于实现多次偏移复制)

选择要偏移的对象,或［退出(E)/放弃(U)］<退出>:↙(也可以继续选择对象进行偏移复制)

(2)"通过"选项。

该选项用于使偏移复制后得到的对象通过指定的点。

(3)"删除"选项。

该选项用于实现偏移源对象后删除源对象。

(4)"图层"选项。

该选项用于确定将偏移对象创建在当前图层上还是源对象所在的图层上。

二、拉伸对象

拉伸与移动(MOVE)命令的功能有类似之处,可移动图形,但拉伸通常用于使对象拉长或压缩。

单击"修改"工具栏上的"拉伸"按钮 ,或选择"修改"|"拉伸"菜单命令,或在命令窗口中输入"STRETCH"命令,AutoCAD 提示:

以交叉窗口或交叉多边形选择要拉伸的对象 …

选择对象:c↙(或用"cp"响应)

第一行提示说明用户只能以交叉窗口方式(即交叉矩形窗口,用"c"响应)或交叉多边形方式(即不规则交叉窗口方式,用"cp"响应)选择对象。

选择对象:(可以继续选择拉伸对象)

选择对象:↙

指定基点或［位移(D)］<位移>:

(1)"指定基点"选项。

该选项用于确定拉伸的基点。

(2)"位移"选项。

该选项用于根据位移量移动对象。

三、修改对象的长度

修改对象的长度是指改变线段或圆弧的长度。

选择"修改"|"拉长"菜单命令,或在命令窗口中输入"LENGTHEN"命令,AutoCAD 提示:

选择对象或 [增量(DE) / 百分数(P) / 全部(T) / 动态(DY)]:

(1)"选择对象"选项。

该选项用于显示指定线段或圆弧的现有长度和包含角(对于圆弧而言)。

(2)"增量"选项。

该选项用于通过设定长度增量或角度增量改变对象的长度。执行此选项后,AutoCAD 提示:

输入长度增量或 [角度(A)]:

在此提示下确定长度增量或角度增量后,再根据提示选择对象,可使其长度改变。

(3)"百分数"选项。

该选项用于使直线或圆弧按百分数改变长度。

(4)"全部"选项。

该选项用于根据线段或圆弧的新长度或圆弧的新包含角改变长度。

(5)"动态"选项。

该选项用于以动态方式改变圆弧或线段的长度。

四、修剪对象

修剪对象是指用作为剪切边的对象修剪指定的对象(被剪边),即将被修剪对象沿修剪边界(剪切边)断开,并删除位于剪切边一侧或位于两条剪切边之间的部分。

单击"修改"工具栏上的"修剪"按钮 ,或选择"修改"|"修剪"菜单命令,或在命令窗口中输入"TRIM"命令,AutoCAD 提示:

选择剪切边 ...

选择对象或<全部选择>:(选择作为剪切边的对象,按 Enter 键选择全部对象)

选择对象↙(还可以继续选择对象)

选择要修剪的对象,或按住 Shift 键选择要延伸的对象,或 [栏选(F) / 窗交(C) / 投影(P) / 边(E) / 删除(R) / 放弃(U)]:

(1)"选择要修剪的对象,或按住 Shift 键选择要延伸的对象"选项。

在提示下选择被修剪对象,AutoCAD 会以剪切边为边界,将被修剪对象上位于拾取点一侧的多余部分或位于两条剪切边之间的部分剪切掉。如果被修剪对象没有与剪切边相交,在提示下按下 Shift 键后选择对应的对象,AutoCAD 则会将其延伸到剪切边。

(2)"栏选"选项。

该选项用于以栏选方式确定被修剪对象。

(3)"窗交"选项。

该选项用于设置与选择窗口边界相交的对象作为被修剪对象。

(4)"投影"选项。

该选项用于确定执行修剪操作的空间。

（5）"边"选项。

该选项用于确定剪切边的隐含延伸模式。

（6）"删除"选项。

该选项用于删除指定的对象。

（7）"放弃"选项。

该选项用于取消上一次的操作。

五、延伸对象

延伸对象是指将指定的对象延伸到指定边界。

单击"修改"工具栏上的"延伸"按钮 -/，或选择"修改"|"延伸"菜单命令，或在命令窗口中输入"EXTEND"命令，AutoCAD 提示：

选择边界的边 …

选择对象或＜全部选择＞：（选择作为边界边的对象，按 Enter 键则选择全部对象）

选择对象：↙（也可以继续选择对象）

选择要延伸的对象，或按住 Shift 键选择要修剪的对象，或 [栏选(F) / 窗交(C) / 投影(P) / 边(E) / 放弃(U)]：

（1）"选择要延伸的对象，或按住 Shift 键选择要修剪的对象"选项。

该选项用于选择对象进行延伸或修剪，为默认项。用户在提示下选择要延伸的对象，AutoCAD 把该对象延长到指定的边界对象。如果延伸对象与边界交叉，在提示下按下 Shift 键，然后选择对应的对象，那么 AutoCAD 会修剪它，即将位于拾取点一侧的对象用边界对象将其修剪掉。

（2）"栏选"选项。

该选项用于以栏选方式确定被延伸对象。

（3）"窗交"选项。

该选项用于设置与选择窗口边界相交的对象作为被延伸对象。

（4）"投影"选项。

该选项用于确定执行延伸操作的空间。

（5）"边"选项。

该选项用于确定延伸的模式。

（6）"放弃"选项。

该选项用于取消上一次的操作。

六、打断对象

打断对象是指从指定的点处将对象分成两部分，或删除对象上所指定两点之间的部分。

选择"修改"|"打断"菜单命令，或在命令窗口中输入"BREAK"命令，AutoCAD 提示：

选择对象：（选择要断开的对象。此时只能选择一个对象）

指定第二个打断点或 [第一点(F)]：

（1）"指定第二个打断点"选项。

此时，AutoCAD 以用户选择对象时的拾取点作为第一断点，并要求确定第二断点。用户可以进行以下选择：

① 如果直接在对象上的另一点处单击拾取键，AutoCAD 将对象上位于两拾取点之间的对象删除掉。

② 如果输入符号"@"后按 Enter 键或 Space 键，AutoCAD 在选择对象时的拾取点处将对象一分为二。

③ 如果在对象的一端之外任意拾取一点，AutoCAD 将位于两拾取点之间的对象删除掉。

（2）"第一点"选项。

该选项用于重新确定第一断点。执行该选项，AutoCAD 提示：

指定第一个打断点：（重新确定第一断点）

指定第二个打断点：

在此提示下，可以按前面介绍的三种方法确定第二断点。

七、利用夹点功能编辑图形

夹点（又称为特征点）是一些实心小方框。当在"命令："提示下直接选择对象后，在对象的各关键点处就会显示出夹点。用户可以通过拖动这些夹点方便地进行拉伸、移动、旋转、缩放以及镜像等编辑操作。

例题 3-3 使用"偏移""修剪"等命令绘制图 3-24 所示的图形。

◆绘图提示：

图形中等距曲线可用"偏移"命令绘制。

◆绘图步骤：

（1）使用"多段线"命令，画直线长为 40、圆弧半径为 5 的图形，如图 3-25 所示。

（2）使用"偏移"命令，偏移距离为 5，向外偏移线条 3 次，如图 3-26 所示。

（3）在垂直方向上画同样的多段线，直线长为 40，圆弧半径为 20，如图 3-27 所示。

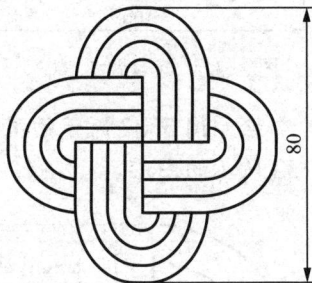

图 3-24　例题 3-3

图 3-25　绘图步骤（1）

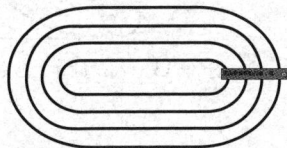

图 3-26　绘图步骤（2）

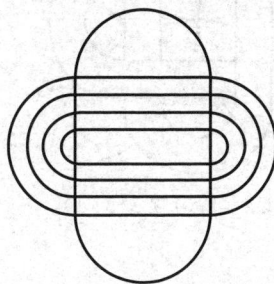

图 3-27　绘图步骤（3）

（4）向内偏移 3 次，偏移距离为 5，如图 3-28 所示。

（5）修剪多余线条后如图 3-29 所示。

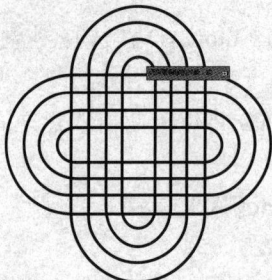

图 3-28 绘图步骤（4）　　　图 3-29 绘图步骤（5）

练习题3-3

1. 使用"直线""偏移""修剪"等命令，绘制图 3-30 所示的标题栏。

2. 使用"直线""偏移""修剪"等命令，绘制图 3-31 所示的图形。

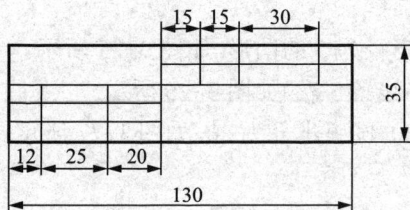

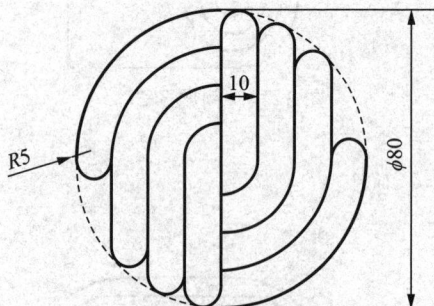

图 3-30 练习题 3-3（1）　　　图 3-31 练习题 3-3（2）

3. 使用"圆""圆弧""多段线""偏移""修剪"等命令绘制图 3-32 所示的图形。

4. 使用"多段线""偏移""修剪"等命令绘制图 3-33 所示的图形。

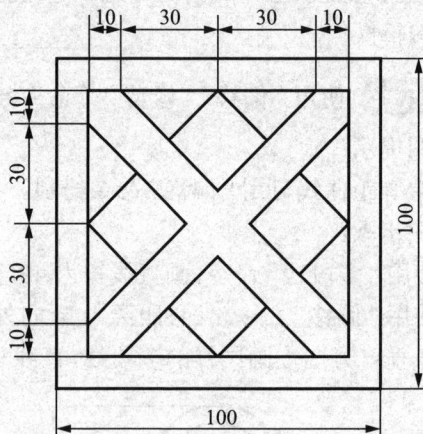

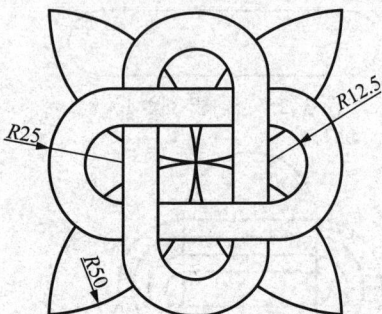

图 3-32 练习题 3-3（3）　　　图 3-33 练习题 3-3（4）

情境四 复制、旋转、缩放

一、复制对象

复制对象是指将选定的对象复制到指定位置。

单击"修改"工具栏上的"复制"按钮，或选择"修改"|"复制"菜单命令，或在命令窗口中输入"COPY"命令，AutoCAD 提示：

选择对象：(选择要复制的对象)

选择对象：↙(也可以继续选择对象)

指定基点或 [位移(D) / 模式(O)] <位移>：

（1）"指定基点"选项。

该选项用于确定复制基点，为默认项。执行该默认项，即指定复制基点后，AutoCAD 提示：

指定第二个点或<使用第一个点作为位移>：

如果在此提示下再确定一点，AutoCAD 将所选择对象按由两点确定的位移矢量复制到指定位置；如果在该提示下直接按 Enter 键或 Space 键，AutoCAD 将第一点的各坐标分量作为位移量复制对象。

（2）"位移"选项。

该选项用于根据位移量复制对象。执行该选项，AutoCAD 提示：

指定位移：

如果在此提示下输入坐标值（直角坐标或极坐标），AutoCAD 将所选择对象按与各坐标值对应的坐标分量作为位移量复制对象。

（3）"模式"选项。

该选项用于确定复制模式。执行该选项，AutoCAD 提示：

输入复制模式选项 [单个(S) / 多个(M)] <多个>：

其中，"单个"选项表示执行"COPY"命令后只能对选择的对象执行一次复制，而"多个"选项表示可以多次复制，AutoCAD 默认为"多个"。

二、旋转对象

旋转对象是指将指定的对象绕指定点(即基点)旋转指定的角度。

单击"修改"工具栏上的"旋转"按钮，或选择"修改"|"旋转"菜单命令，或在命令窗口中输入"ROTATE"命令，AutoCAD 提示：

选择对象：(选择要旋转的对象)

选择对象：↙(也可以继续选择对象)

指定基点：(确定旋转的基点)

指定旋转角度，或 [复制(C) / 参照(R)]：

（1）"指定旋转角度"选项。

输入角度值，AutoCAD 会将对象绕基点转动该角度。在默认设置下，角度为正时沿逆时针方向旋转，反之沿顺时针方向旋转。

（2）"复制"选项。

该选项创建出旋转对象后仍保留源对象。

（3）"参照"选项。

该选项用于以参照方式旋转对象。执行该选项，AutoCAD 提示：

指定参照角：（输入参照角度值）

指定新角度或［点（P）］＜0＞：（输入新角度值，或通过"点"选项指定两点来确定新角度）

执行结果：AutoCAD 根据参照角度与新角度的值自动计算旋转角度（旋转角度 ＝ 新角度－参照角度），然后将对象绕基点旋转该角度。

三、缩放对象

缩放对象是指放大或缩小指定的对象。

单击"修改"工具栏上的"缩放"按钮 ，或选择"修改"|"缩放"菜单命令，或在命令窗口中输入"SCALE"命令，AutoCAD 提示：

选择对象：（选择要缩放的对象）

选择对象：↙（也可以继续选择对象）

指定基点：（确定基点位置）

指定比例因子或［复制（C）/参照（R）］：

（1）"指定比例因子"选项。

该选项用于确定缩放比例因子，为默认项。执行该默认项，即输入比例因子后按 Enter 键或 Space 键，AutoCAD 将所选择对象根据该比例因子相对于基点进行缩放，0＜比例因子＜1 时缩小对象，比例因子＞1 时放大对象。

（2）"复制"选项。

该选项创建出缩小或放大的对象后仍保留源对象。执行该选项后，根据提示指定缩放比例因子即可。

（3）"参照"选项。

该选项用于将对象按参照方式缩放。执行该选项，AutoCAD 提示：

指定参照长度：（输入参照长度的值）

指定新的长度或［点（P）］：（输入新的长度值或通过"点"选项指定两点来确定长度值）

执行结果：AutoCAD 根据参照长度与新长度的值自动计算比例因子（比例因子 ＝ 新长度值 ÷ 参照长度值），并进行对应的缩放。

例题 3-4 使用"旋转"命令绘制图 3-34 所示的图形。

◆绘图提示：

（1）此图可以练习使用"圆弧"命令绘制；

（2）先画一半，然后旋转复制另一半。

◆绘图步骤：

（1）先画一个直径为 80 的圆，再画一条半径作为辅助线，然后四等分这条直线，如图 3-35 所示。

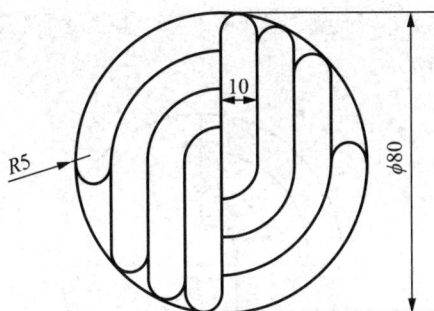

图 3-34 例题 3-4

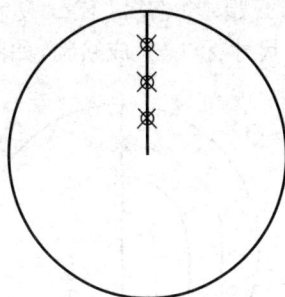

图 3-35 绘图步骤（1）

（2）选择"圆弧"命令，绘制一段圆弧，如图 3-36 所示。

命令：_arc 指定圆弧的起点或［圆心（C）］：c

指定圆弧的圆心：

指定圆弧的起点：

指定圆弧的端点或［角度（A）/弦长（L）］：a

指定包含角：90

（3）使用"偏移"命令，在图形上拾取偏移距离，偏移出 2 条圆弧，如图 3-37 所示。

图 3-36 绘图步骤（2）

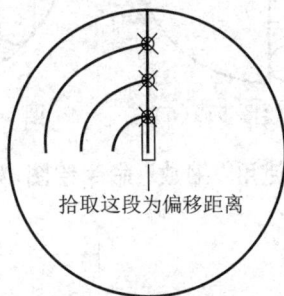

拾取这段为偏移距离

图 3-37 绘图步骤（3）

（4）绘制直线，如图 3-38 所示。

（5）使用对象追踪到圆心，用"圆弧"命令，指定 A 为起点，B 为端点，角度为 180°，画这段圆弧（如图 3-39 所示）。

命令：_arc 指定圆弧的起点或［圆心（C）］：

指定圆弧的第二个点或［圆心（C）/端点（E）］：e

指定圆弧的端点：

指定圆弧的圆心或［角度（A）/方向（D）/半径（R）］：a

指定包含角：180

（6）使用"绘图"|"圆"|"相切、相切、相切"菜单命令，捕捉 3 个切点绘制圆，如图 3-40 所示。

（7）使用"修剪"命令，修剪线段，并删除辅助线，如图 3-41 所示。

（8）使用"旋转"命令，捕捉圆心为"旋转"基点，按 Enter 键 2 次，进行旋转复制，选择角度为 180°，如图 3-42 所示。

指定旋转角度或［基点（B）/复制（C）/放弃（U）/参照（R）/退出（X）］：c

指定旋转角度或［基点（B）/复制（C）/放弃（U）/参照（R）/退出（X）]:180

（9）添加尺寸标注，完成绘制，如图3-34所示。

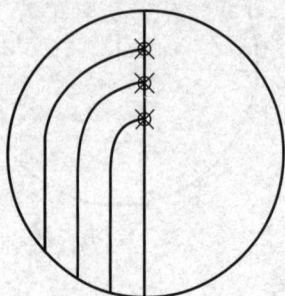
图 3-38　绘图步骤（4）

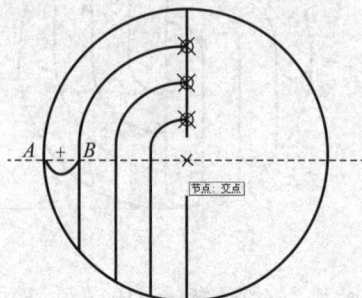
图 3-39　绘图步骤（5）

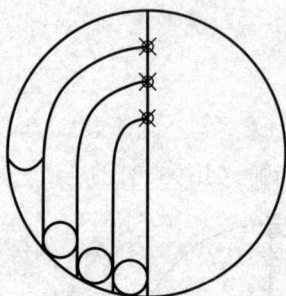
图 3-40　绘图步骤（6）

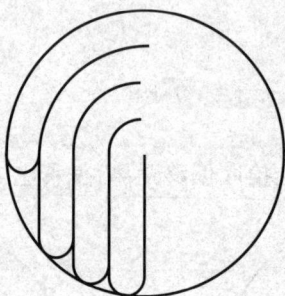
图 3-41　绘图步骤（7）

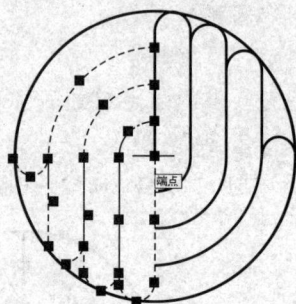
图 3-42　绘图步骤（8）

例题 3-5　使用"缩放"命令绘图，如图3-43所示。

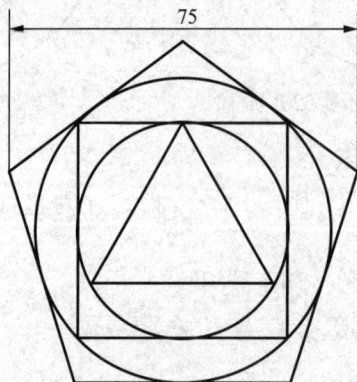
图 3-43　例题 3-5

◆绘图提示：

（1）此图是由3个多边形和2个圆形构成的图形；

（2）使用"多边形"命令绘制，采用绘制后再缩放图形的方法。

◆绘图步骤：

（1）使用"多边形"命令以内接于圆方式绘制一个三角形，半径自定义，如图3-44所示。

（2）使用三点画圆，连接 A、B、C 三点，如图3-45所示。

命令：_circle 指定圆的圆心或［三点（3P）/两点（2P）/相切、相切、半径（T）]:3p

（3）捕捉圆心，绘制外切于圆的四边形，如图3-46所示。

图 3-44　绘图步骤(1)　　　图 3-45　绘图步骤(2)　　　图 3-46　绘图步骤(3)

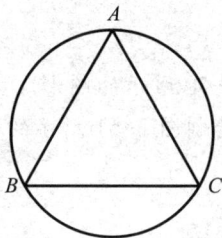

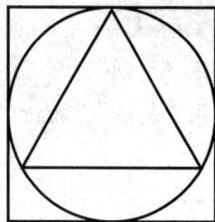

(4) 再次使用"圆"命令,捕捉四边形的四个角点绘制大圆,如图 3-47 所示。

(5) 继续使用"多边形"命令,捕捉圆心,绘制一个外切于圆的五边形,如图 3-48 所示。

图 3-47　绘图步骤(4)　　　　　图 3-48　绘图步骤(5)

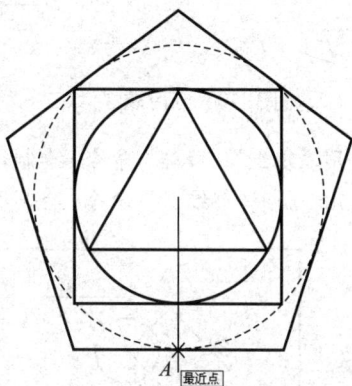

(6) 使用"缩放"命令,新长度为 75,如图 3-49 所示。

命令:_scale

选择对象:指定对角点:找到 5 个

选择对象:

指定基点:

指定比例因子或[参照(R)]:r

指定参照长度<1>:(鼠标单击 A 点)

指定第二点:(鼠标单击 B 点)

指定新长度:75

(7) 添加尺寸标注,完成绘制,如图 3-43 所示。

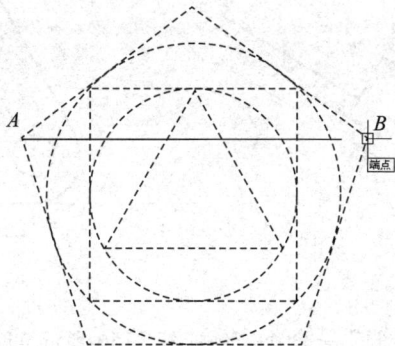

图 3-49　绘图步骤(6)

🖳 练习题 3-4

1. 练习使用"复制"命令,绘制图 3-50 所示的图形。
2. 练习使用"复制""旋转"命令,绘制图 3-51 所示的图形,旋转角度为 30°。

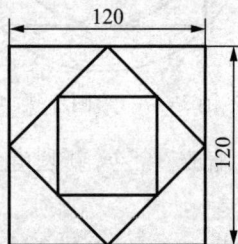

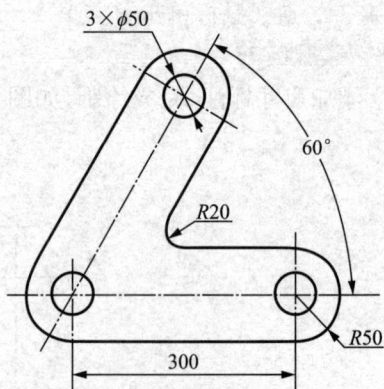

图 3-50　练习题 3-4(1)　　　　图 3-51　练习题 3-4(2)

3. 练习使用"复制""旋转"命令,绘制图 3-52 所示的图形。
4. 练习使用"旋转""缩放"命令,绘制图 3-53 所示的图形。

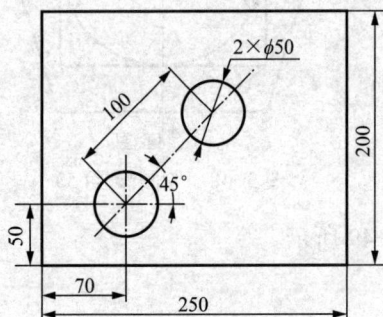

图 3-52　练习题 3-4(3)　　　　图 3-53　练习题 3-4(4)

5. 练习使用"旋转"命令,绘制图 3-54 所示的图形。
6. 练习使用"圆角""修剪""旋转"命令,绘制图 3-55 所示的图形。

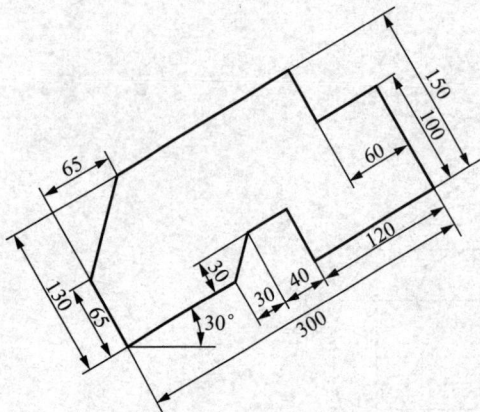

图 3-54　练习题 3-4(5)　　　　图 3-55　练习题 3-4(6)

7. 练习使用"构造线""复制"等命令,绘制图 3-56 所示的图形,直线 AB、AC 与直径为 50

的圆相切, *AB* 水平, *AB*、*AC* 的夹角是 47°。

8. 练习使用等分点和"复制"等命令,绘制图 3-57 所示的图形,其中圆半径为 28,正三角形边长为 10。

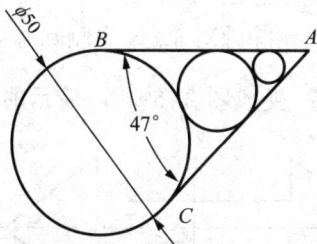

图 3-56　练习题 3-4(7)　　　　图 3-57　练习题 3-4(8)

9. 练习使用"圆""圆角""修剪""复制""旋转"等命令,绘制图 3-58 所示的图形。

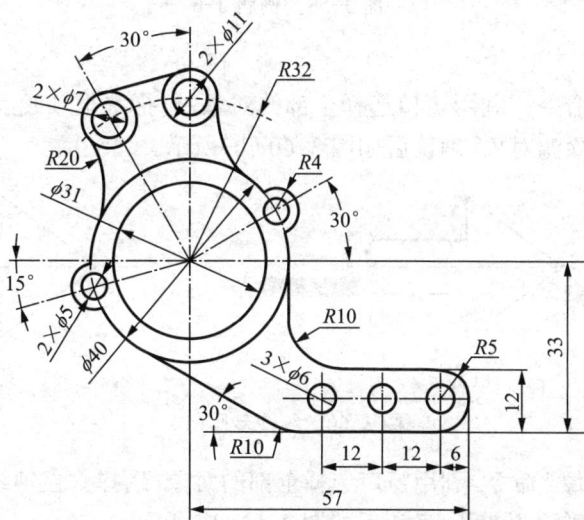

图 3-58　练习题 3-4(9)

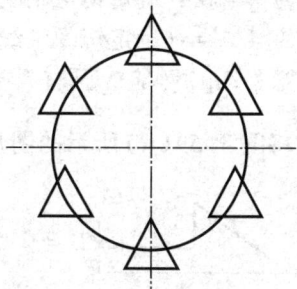

情境五　镜像和阵列

一、镜像对象

对于对称的图形,可以只绘制一半或四分之一,然后采用"镜像"命令产生对称的部分。

启用"镜像"命令有三种方法:

(1)单击"修改"工具栏上的"镜像"按钮 ◭;

(2)选择"修改"|"镜像"菜单命令;

(3)在命令窗口中输入命令"MIRROR"。

执行"镜像"命令后,AutoCAD 提示如下:

命令：_mirror
选择对象：(选择要镜像的对象)
选择对象：(可以继续选择对象)
指定镜像线的第一点：(确定镜像轴线上的第一点)
指定镜像线的第二点：(确定镜像轴线上的第二点)
是否删除源对象？[是(Y)/否(N)]<N>:(Y 删除源对象，N 不删除源对象)

例题 3-6 将图 3-59(a)所示的图形通过镜像，变成图 3-59(b)所示的图形。

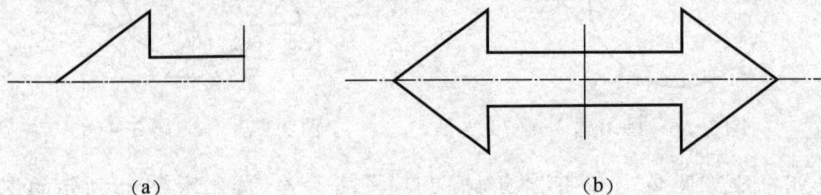

（a）　　　　　　　　　　　　　（b）

图 3-59　例题 3-6

◆绘图步骤：

(1) 启用"镜像"命令。利用窗口选择全部的对象，选择水平轴线上的第一点和第二点，如图 3-60(a)所示，不删除源对象，确认后如图 3-60(b)所示。

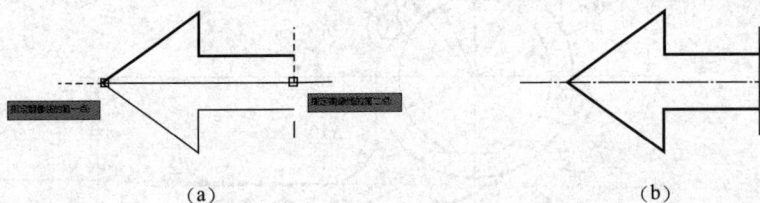

（a）　　　　　　　　　　　　　（b）

图 3-60　绘图步骤(1)

(2) 继续启用"镜像"命令。利用窗口选择全部的对象，选择垂直轴线上的第一点和第二点，如图 3-61(a)所示，不删除源对象，确认后如图 3-61(b)所示。

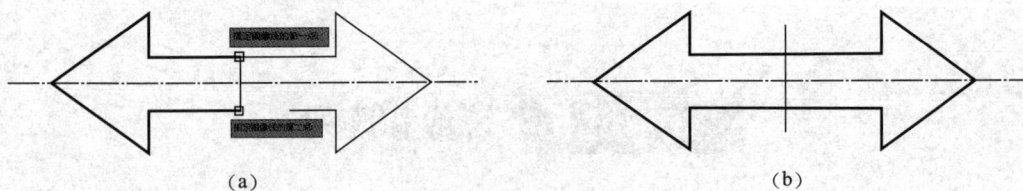

（a）　　　　　　　　　　　　　（b）

图 3-61　绘图步骤(2)

二、阵列对象

阵列对象主要是指对于规则分布的图形，通过环形或者矩形实施阵列。
启用"阵列"命令有三种方法：
(1) 单击"修改"工具栏上的"阵列"按钮；
(2) 选择"修改"|"阵列"菜单命令；

（3）在命令窗口中输入命令"ARRAY"。

执行"阵列"命令后，AutoCAD 将弹出图 3-62 所示的"阵列"对话框，可利用此对话框形象、直观地进行矩形或环形阵列的相关设置，并实施阵列。

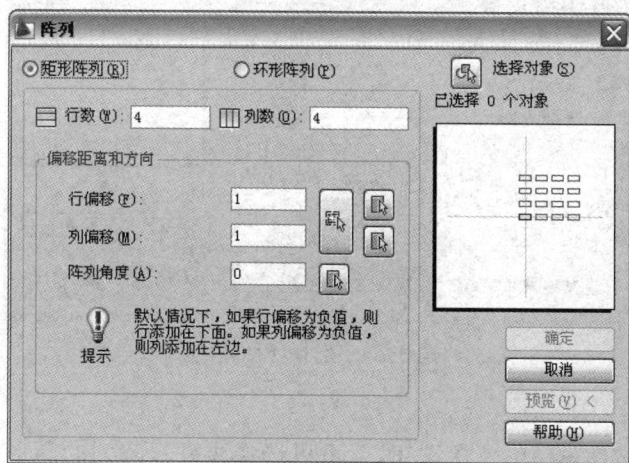

图 3-62　"阵列"对话框

AutoCAD 2012 提供了矩形阵列和环形阵列两种阵列形式，其效果如图 3-63 所示。

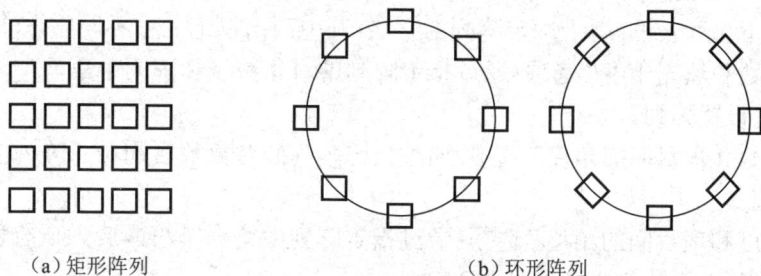

（a）矩形阵列　　　　　　　　　（b）环形阵列

图 3-63　阵列形式

1. 矩形阵列

矩形阵列是系统缺省选项，选择矩形阵列后"阵列"对话框显示如图 3-62 所示。

其中的参数如下：

◎"选择对象"按钮 ：单击该按钮，就可以选择要进行阵列的图形对象，完成后按 Enter 键或者单击鼠标右键结束。

◎"行数"文本框：用于输入阵列对象的行数。

◎"列数"文本框：用于输入阵列对象的列数。

◎"行偏移"文本框：用于输入阵列对象的行间距。用户也可以单击其右侧的 按钮，然后在绘图窗口中拾取两个点。

◎"列偏移"文本框：用于输入阵列对象的列间距。用户也可以单击其右侧的 按钮，然后在绘图窗口中拾取两个点。

◎"阵列角度"文本框：用于输入阵列对象的旋转角度。

2. 环形阵列

如果在"阵列"对话框中选择"环形阵列"，则"阵列"对话框显示如图 3-64 所示。

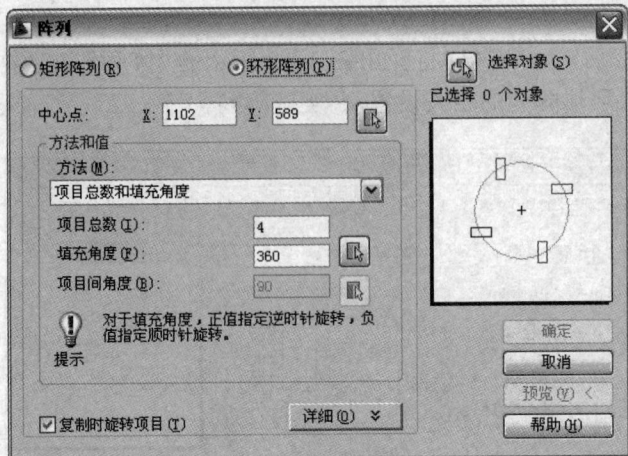

图 3-64 选择环形阵列

其中的参数如下:

◎"选择对象"按钮 🔲:单击该按钮,就可以选择要进行阵列的图形对象,完成后按 Enter 键。

◎"中心点"的"X""Y"数值框:用于输入环形阵列中心点的坐标值。用户也可以单击其右侧的 🔲 按钮,然后在绘图窗口中拾取阵列中心。

◎"方法"下拉列表框:用于确定阵列的方法,其中列出以下三种不同的方法选项。

• "项目总数和填充角度"选项:通过指定阵列的对象数目和阵列中第一个与最后一个对象之间的包含角来设置阵列。

• "项目总数和项目间的角度"选项:通过指定阵列的对象数目和相邻阵列的对象之间的包含角来设置阵列。

• "填充角度和项目间的角度"选项:通过指定阵列中第一个与最后一个对象之间的包含角和相邻阵列的对象之间的包含角来设置阵列。

◎"项目总数"数值框:用于输入阵列中的对象数目,默认值是"6"。

◎"填充角度"数值框:用于输入阵列中第一个与最后一个对象之间的包含角,默认值是"360",不能为"0"。当该值为负值时,沿逆时针方向实施环形阵列;当该值为正值时,沿顺时针方向实施环形阵列。

◎"项目间角度"数值框:用于输入相邻阵列对象之间的包含角,该数值只能是正值,默认值是"90"。

◎"复制时旋转项目"复选框:若选中该复选框,则阵列对象将相对中心点旋转,否则不旋转。

例题 3-7 使用"环形阵列"命令绘制图 3-65 所示的图形。

◆绘图提示:

(1)此图外面由 8 段相同的圆弧构成;

(2)使用"环形阵列"命令快速绘制。

◆绘图步骤:

(1)画一个半径为 20 的圆,然后向上复制(如图 3-66 所示)。

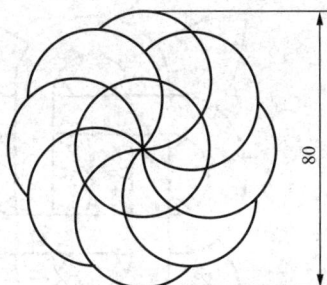

图 3-65 例题 3-7

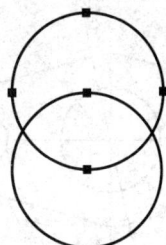

图 3-66 绘图步骤（1）

（2）使用"环形阵列"命令，对象选择上方圆形，如图 3-67（a）所示。阵列中心点选择第一个圆形的圆心，如图 3-67（b）所示。

（3）项目总数为"8"，填充角度为"360"，阵列结果如图 3-68 所示。

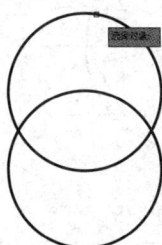

（a）　　　　　　（b）

图 3-67 绘图步骤（2）

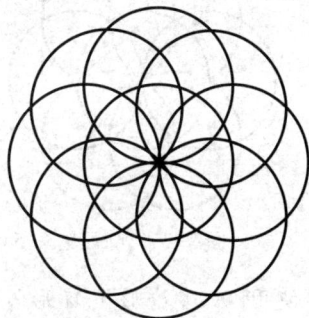

图 3-68 绘图步骤（3）

（4）使用"修剪"命令，修剪出一段圆弧，并删除多余的圆，如图 3-69 所示。

（5）再使用"环形阵列"命令，对象选择修剪后的圆弧，如图 3-70（a）所示。阵列中心点选择第一个圆形的圆心，如图 3-70（b）所示。

（6）项目总数为"8"，填充角度为"360"，实施阵列后添加尺寸标注，如图 3-65 所示。

图 3-69 绘图步骤（4）

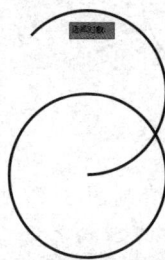 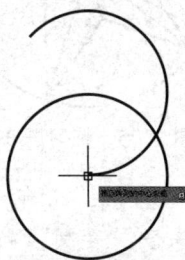

（a）　　　　　　（b）

图 3-70 绘图步骤（5）

● 🖳 练习题3-5 ●

1. 练习使用"镜像""圆角"等命令绘制图 3-71 所示的图形。

2. 练习使用"镜像""圆""偏移""修剪"等命令绘制图 3-72 所示的图形。

3. 练习使用"圆""环形阵列"等命令绘制图 3-73 所示的图形。

4. 练习使用"正多边形""环形阵列"等命令绘制图 3-74 所示的图形。注意阵列对象不旋转，正三角形中心始终在圆周上。

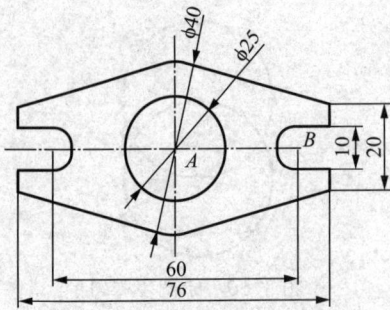

图 3-71　练习题 3-5（1）

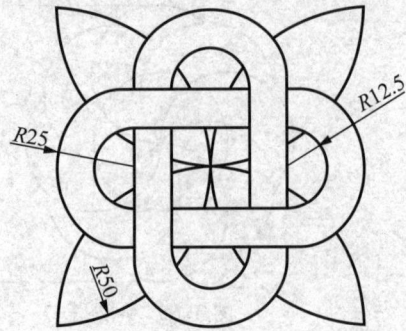

图 3-72　练习题 3-5（2）

图 3-73　练习题 3-5（3）

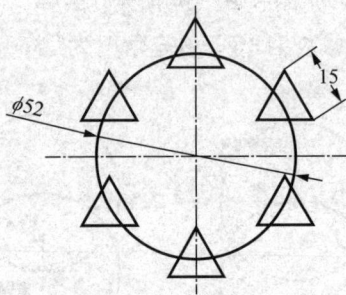

图 3-74　练习题 3-5（4）

5. 练习使用"正多边形""环形阵列""修剪"等命令绘制图 3-75 所示的图形。

6. 练习使用"圆弧""镜像"等命令绘制图 3-76 所示的图形。

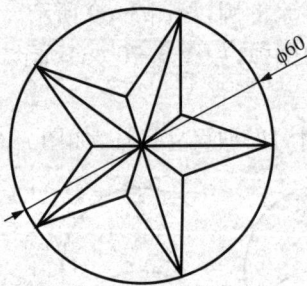

图 3-75　练习题 3-5（5）

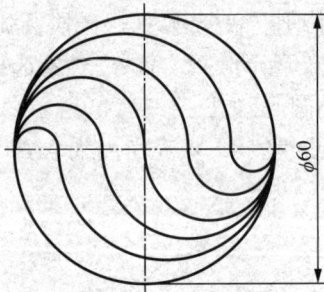

图 3-76　练习题 3-5（6）

7. 练习使用"矩形阵列"等命令绘制图 3-77 所示的图形。

8. 练习使用"偏移""复制""阵列"等命令绘制图 3-78 所示的图形。

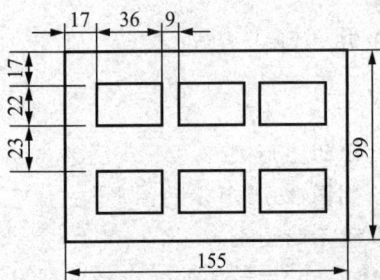

图 3-77　练习题 3-5（7）

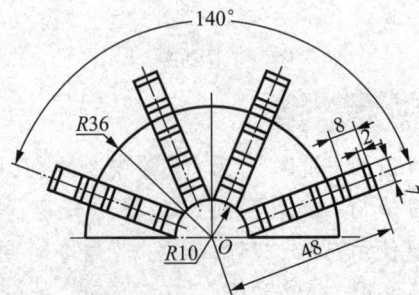

图 3-78　练习题 3-5（8）

9. 练习使用"偏移""复制""旋转""阵列"等命令绘制图 3-78 所示的图形。

10. 练习使用"偏移""矩形阵列"等命令绘制图 3-79 所示的图形。

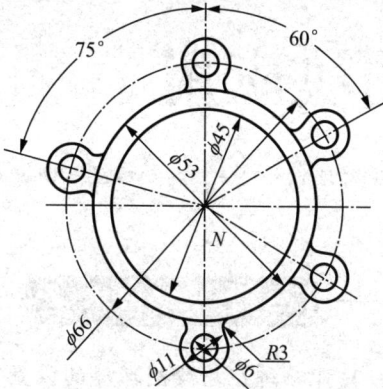

图 3-78 练习题 3-5(9)

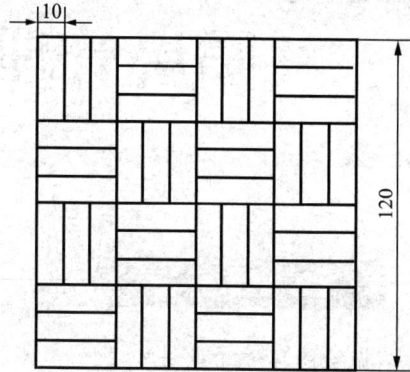

图 3-79 练习题 3-5(10)

图层管理和图块应用

1. 掌握绘图环境的设置方法；

2. 理解图层的概念，掌握图层管理方法；

3. 掌握图块的属性和应用方法。

1. 能熟练应用绘图环境的设置功能；

2. 能熟练掌握图层管理功能，根据图形要求创建图层；

3. 能熟练创建和应用图块。

👆 情境一　绘图环境的设置

一、图形界限的设置

图形界限即模型的空间界限，是指用户根据需要设定的绘图工作区域的大小。其目的是避免所绘制的图形超出边界。用户可根据图形大小、比例等因素来确定绘图幅面，如 A2（420 mm×594 mm）、A3（297 mm×420 mm）等。设定合适的绘图界限，有利于确定图形绘制的大小、比例、图形之间的距离，有利于检查图形是否超出图框。

启用"图形界限"命令有以下两种方法：

（1）选择"格式"|"图形界限"菜单命令；

（2）在命令窗口中输入命令"LIMITS"。

执行"图形界限"命令后，AutoCAD 提示：

命令：_limits

重新设置模型空间界限：

指定左下角点或［开(ON) / 关(OFF)］< 0.0000, 0.0000 >：

指定右上角点< ***,*** >：

其中各选项的含义如下：

（1）"指定左下角点"选项：定义图形界限的左下角点。

（2）"指定右上角点"选项：定义图形界限的右上角点。

（3）"开"选项：打开图形界限检查。如果打开了图形界限检查，则系统不接受设定的图形界限之外的点输入。但对于不同的具体情况，检查的方式也不同。如对于直线，如果有任何一点在界限之外,均无法绘制该直线。对圆、文字而言,只要圆心、起点在界限范围之内即可,甚至对于单行文字,只要定义的文字起点在界限之内即可,实际输入的文字不受限制。对于编辑命令,拾取图形对象的点不受限制,除非拾取点同时作为输入点,否则,界限之外的点无效。

(4)"关"选项:关闭图形界限检查。

二、图形单位的设置

设置图形单位是指定义绘图时使用的长度单位、角度单位的格式以及它们的精度。

启用"图形单位"命令有以下两种方法:

(1)选择"格式"|"单位"菜单命令;

(2)在命令窗口中输入命令"UNITS"。

执行"图形单位"命令后,弹出图 4-1 所示的"图形单位"对话框。在"图形单位"对话框中包含"长度""角度""插入时的缩放单位""输出样例"和"光源"五个选项组和四个按钮。各选项组及"方向"按钮的含义如下:

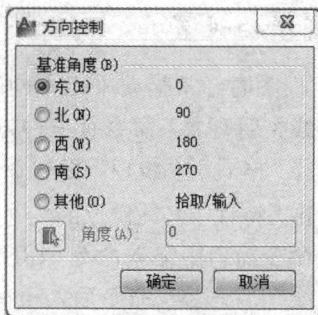

◎"长度"选项组:设定长度的单位类型及精度。

• "类型"下拉列表框:可以选择长度单位类型。

• "精度"下拉列表框:可以选择长度精度,也可以直接键入。

◎"角度"选项组:设定角度单位类型和精度。

• "类型"下拉列表框:可以选择角度单位类型。

• "精度"下拉列表框:可以选择角度精度,也可以直接键入。

• "顺时针"复选框:控制角度方向的正负。选中该复选框时,顺时针为正,否则,逆时针为正。

◎"插入时的缩放单位"选项组:设置缩放插入内容的单位。

◎"输出样例"选项组:示意以上设置完成后的长度和角度单位格式。

◎"光源"选项组:用户可在"用于指定光源强度的单位"下拉列表框中选择用于指定光源强度的单位,控制当前图形中光源的强度测量单位。

◎"方向"按钮:单击"方向"按钮,系统弹出"方向控制"对话框,从中可以设置基准角度,如图 4-2 所示,单击"确定"按钮,返回"图形单位"对话框。

以上所有项目设置完成后单击"确定"按钮,确认文件的单位设置。

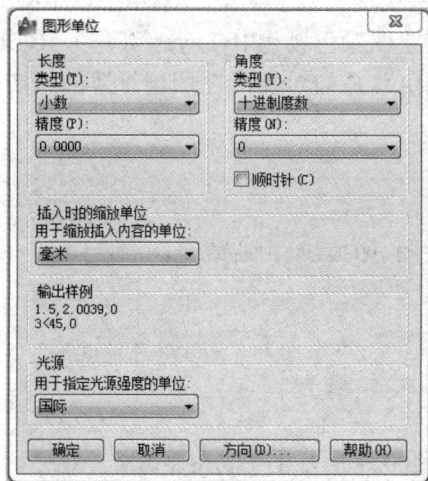

图 4-1 "图形单位"对话框   图 4-2 "方向控制"对话框

三、颜色的设置

用 AutoCAD 绘制工程图时,可以将不同线型的图形对象用不同的颜色表示。颜色的合理使用,可以充分体现设计效果,而且有利于图形的管理。

AutoCAD 2012 提供了丰富的颜色方案供用户使用,其中最常用的颜色方案是采用索引颜色,即用自然数表示颜色,共有 255 种颜色,其中 1 ~ 7 号为标准颜色,1 表示红色,2 表示黄色,3 表示绿色,4 表示青色,5 表示蓝色,6 表示洋红,7 表示白色(如果绘图背景的颜色是白色,则7 号颜色显示成黑色)。

启用"颜色"命令有以下三种方法。

(1)选择"格式"|"颜色"菜单命令;

(2)单击"特性"工具栏上的"颜色"按钮 ● ■ByLayer ▼ ;

(3)在命令窗口中输入命令"COLOR"。

执行"颜色"命令后,AutoCAD 弹出"选择颜色"对话框,如图 4-3 所示。选择颜色不仅可以直接在对应的颜色小方块上点取或双击,也可以在"颜色"文本框中键入英文单词或颜色的编号,在后面的小方块中会显示相应的颜色。

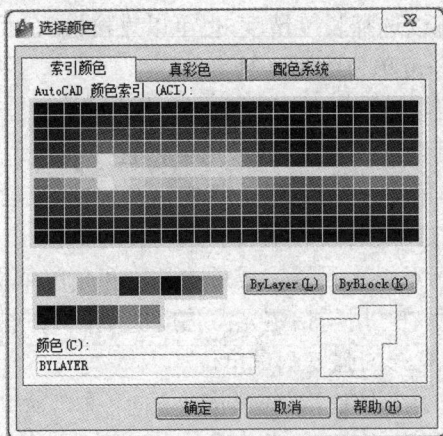

图 4-3 "选择颜色"对话框

对话框中有"索引颜色""真彩色"和"配色系统"3 个选项卡,分别用于以不同的方式确定绘图颜色。在"索引颜色"选项卡中,用户可以将绘图颜色设为 ByLayer(随层)、ByBlock(随块)或某一具体颜色。其中,随层是指所绘对象的颜色总是与对象所在图层设置的绘图颜色一致,这是最常用到的设置。

四、线型的设置

绘制工程图时经常需要采用不同的线型来绘图,如虚线、中心线等。

启用"线型管理器"命令有三种方法。

(1)选择"格式"|"线型"菜单命令;

(2)单击"特性"工具栏上的"线型"按钮 ▦ ────ByLayer ▼ ;

(3)在命令窗口中输入命令"LINETYPE"。

执行"线型管理器"命令后,AutoCAD 弹出图 4-4 所示的"线型管理器"对话框,可通过其确定绘图线型和线型比例等。

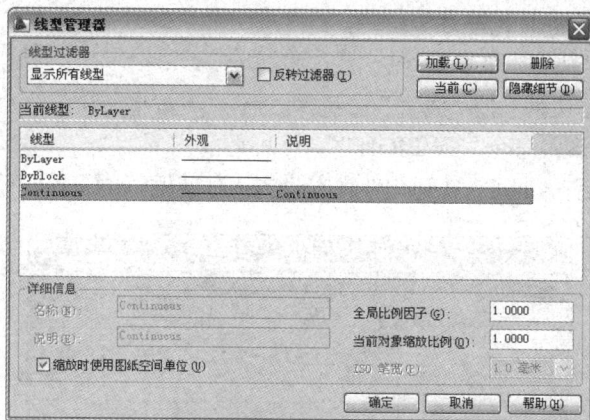

图 4-4 "线型管理器"对话框

在"线型管理器"对话框中,各选项的含义如下:

◎"线型过滤器"下拉列表框:过滤出列表显示的线型。

◎"反转过滤器"复选框:按照过滤条件反向过滤线型。

◎"加载"按钮:加载或重载指定的线型。如果"线型"列表框中没有列出需要的线型,则应从线型库中加载它。单击"加载"按钮,AutoCAD 弹出图 4-5 所示的"加载或重载线型"对话框,从中可选择要加载的线型并加载。

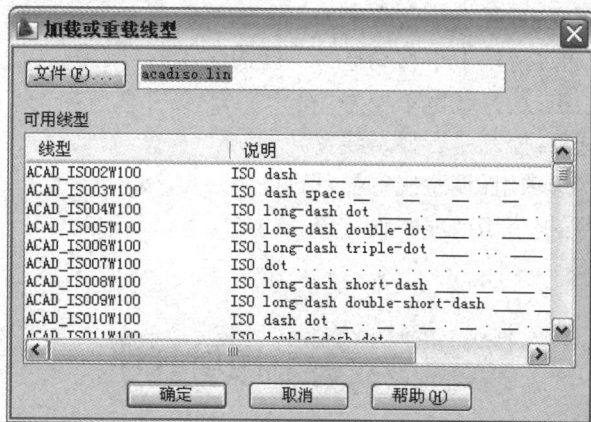

图 4-5 "加载或重载线型"对话框

◎"删除"按钮:删除指定的线型,该线型必须不被任何图线依赖,即图样中没有使用该线型。实线线型不可被删除。

◎"当前"按钮:将指定的线型设置成当前线型。

◎"隐藏细节"按钮:控制是否显示或隐藏选中的线型细节。如果当前没有显示细节,则该按钮为"显示细节"按钮,否则为"隐藏细节"按钮。

◎"详细信息"选项组:这个选项组中包括了选中线型的名称、线型、全局比例因子、当前对象缩放比例等。

五、线宽的设置

工程图中不同的线型有不同的线宽要求,并且代表了不同的含义。

启用"线宽"命令有以下三种方法：

(1) 选择"格式"|"线宽"菜单命令；

(2) 单击"特性"工具栏上的"线宽"按钮 ≡ ——————ByLayer ▼ ；

(3) 在命令窗口中输入命令"LWEIGHT"。

执行"线宽"命令后，AutoCAD 弹出"线宽设置"对话框，如图 4-6 所示。

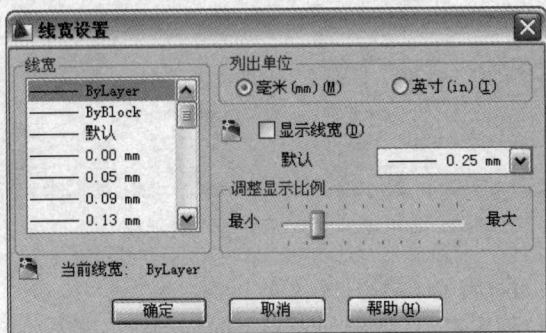

图 4-6 "线宽设置"对话框

对话框中列出了 AutoCAD 2012 提供的 20 余种线宽，用户可从中在"ByLayer""ByBlock"或某一具体线宽之间选择。其中，"ByLayer"表示绘图线宽始终与图形对象所在图层的线宽一致，这也是最常用到的设置。还可以通过此对话框进行其他设置，如单位、显示比例等。

在"线宽设置"对话框中，各选项的含义如下：

◎ "线宽"列表框：通过滑块上下移动选择不同的线宽。

◎ "列出单位"选项组：选择线宽单位为"毫米"或"英寸"。

◎ "显示线宽"复选框：控制是否显示线宽。

◎ "调整显示比例"选项组：调整线宽显示比例。

◎ "当前线宽"标签：提示当前线宽设定值。

✎ 情境二　图层管理

一、图层

在机械图纸中，图层就像透明的覆盖层，用户可以在上面对各种类型的图形信息进行组织和编组。创建的对象具有颜色、线型和线宽等一般特性。用户可以使对象应用其所在图层的这些特性，也可以为每个对象明确指定特性。颜色可帮助用户区分图形中相似的元素，而线型可帮助用户区分不同的绘图元素，线宽则用宽度表示对象的大小或类型，尺寸、文字、辅助线等增强了图形的表达能力和可读性。组织图层和图层上的对象使用户可以更加轻松地管理图形中的信息，如图 4-7 所示。

图层具有以下特点：

(1) 用户可以在一幅图中指定任意数量的图层。系统对图层数量没有限制，对每一图层上的对象数量也没有任何限制。

（2）每一个图层有一个名称，以加以区别。当开始绘制一幅新图时，AutoCAD 自动创建名为"0"的图层，这是 AutoCAD 的默认图层，其余图层需由用户来定义。

（3）一般情况下，位于一个图层上的对象应该是一种绘图线型、一种绘图颜色。用户可以改变各图层的线型、颜色等特性。

（4）虽然 AutoCAD 允许用户建立多个图层，但只能在当前图层上绘图。

（5）各图层具有相同的坐标系和相同的显示缩放倍数。用户可以对位于不同图层上的对象同时进行编辑操作。

（6）用户可以对各图层进行打开／关闭、冻结／解冻、锁定／解锁等操作，以决定各图层的可见性与可操作性。

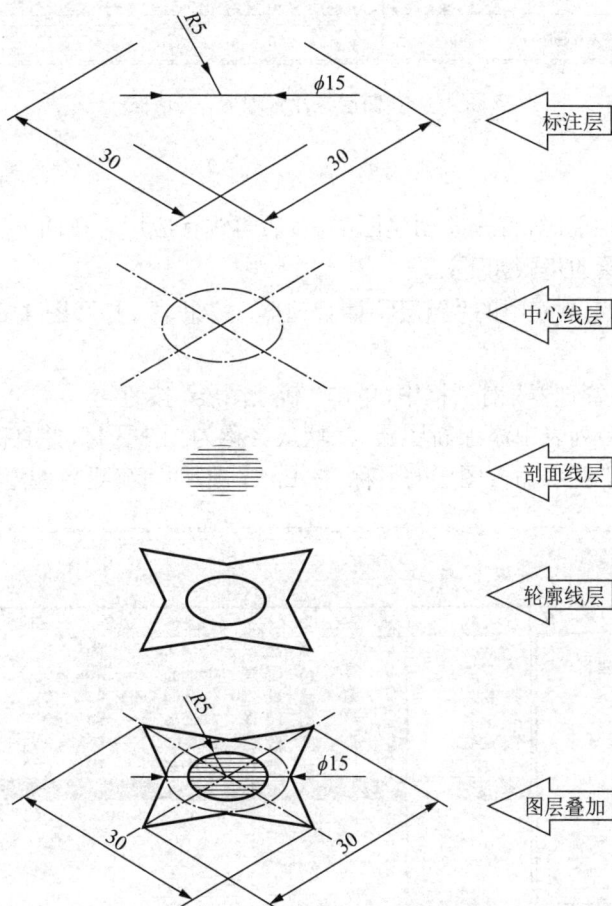

图 4-7　图层与图形之间的关系

二、管理图层特性

用户可通过"图层特性管理器"对话框建立新图层，为图层设置线型、颜色、线宽以及进行其他操作等。打开图 4-8 所示的"图层特性管理器"对话框有以下三种方法：

（1）选择"格式"|"图层"菜单命令；

（2）单击"图层"工具栏上的"图层特性管理器"按钮 龟；

（3）在命令窗口中输入命令"LAYER"。

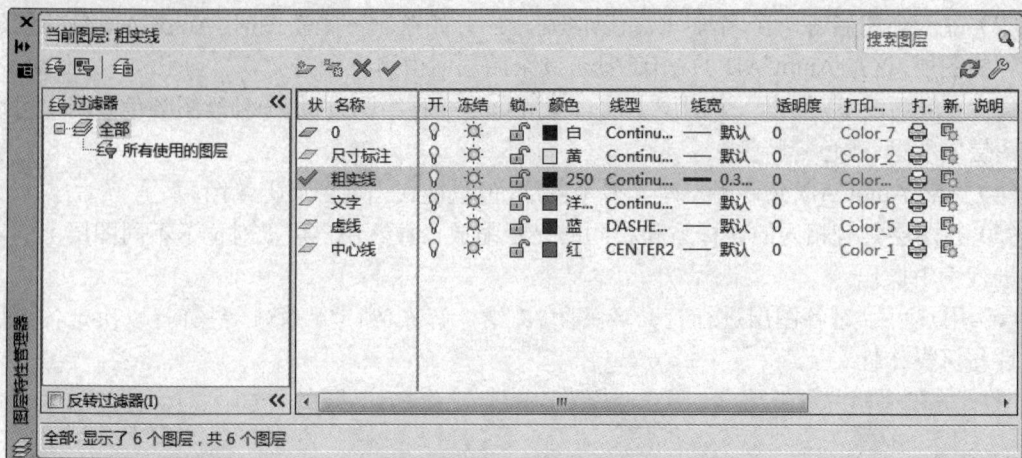

图 4-8　"图层特性管理器"对话框

三、新建图层

用户在使用图层功能时,首先要创建图层,然后再进行应用。在同一工程图中,用户可以建立多个图层。创建图层的步骤如下:

（1）单击"图层"工具栏中的"图层特性管理器"按钮 ,打开图 4-8 所示的"图层特性管理器"对话框。

（2）在"图层特性管理器"对话框中,单击"新建图层"按钮 。

（3）系统将在图层列表中添加新图层,其默认名称为"图层 1",并且高亮显示,如图 4-9 所示,此时直接在"名称"栏中输入图层的名称,按 Enter 键,即可确定新图层的名称。

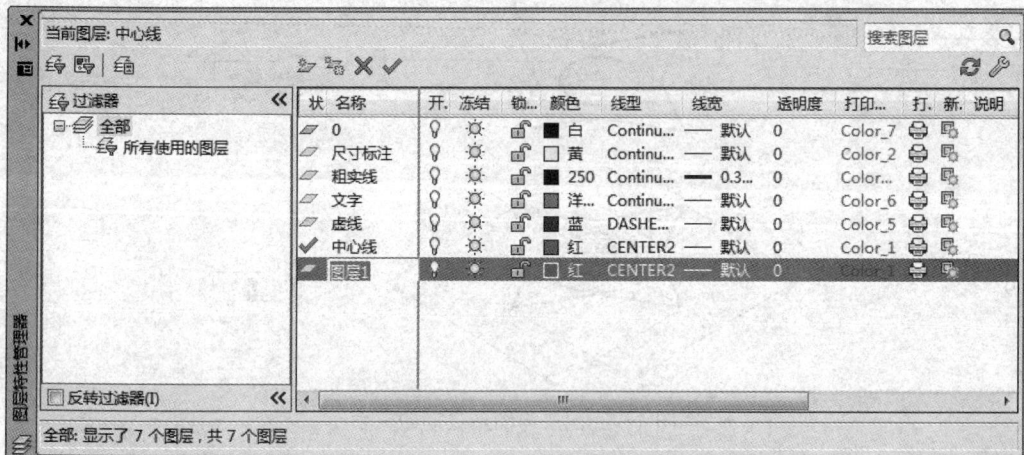

图 4-9　新建图层

（4）设置图层的颜色、线型和线宽。图层默认的颜色、线型和线宽均与上一个当前图层相同,根据绘图需要可以为每个图层设置不同的颜色、线型和线宽。

使用相同的方法可以建立更多的图层。最后单击"关闭"按钮,退出"图层特性管理器"对话框。

四、控制图层显示状态

图层状态主要包括打开/关闭、冻结/解冻、锁定/解锁、打印/不打印等,AutoCAD采用不同形式的图标来表示这些状态。

1. 打开/关闭图层

处于打开状态的图层是可见的,而处于关闭状态的图层是不可见的,也不能被编辑或打印。当图形重新生成时,被关闭的图层将一起被生成。打开/关闭图层有以下三种方法:

(1)打开"图层特性管理器"对话框,在该对话框的图层列表中单击图层中的灯泡图标 💡/💡,即可实现图层的打开/关闭。如果关闭的图层是当前图层,系统将弹出"图层 - 关闭当前图层"对话框,如图4-10所示。

(2)单击"图层"工具栏中的图层列表,当列表中弹出图层信息时,单击灯泡图标 💡/💡,就可以实现图层的打开/关闭,如图4-11所示。

(3)单击"图层"工具栏中的"关闭图层"按钮 🔲,可关闭选定对象所在的图层。

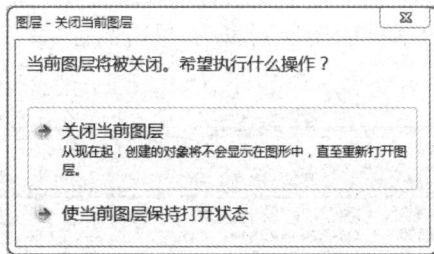

图4-10 "图层 - 关闭当前图层"对话框

图4-11 图层打开/关闭状态控制

2. 冻结/解冻图层

冻结图层可以减少复杂图形重新生成时的显示时间,并且可以加快一些"绘图""缩放""编辑"等命令的执行速度。处于冻结状态的图层上的图形对象将不能被显示、打印或重生成。解冻图层将重新生成并显示该图层上的图形对象。冻结/解冻图层有以下三种方法:

(1)打开"图层特性管理器"对话框,在该对话框的图层列表中单击图标 ❄/☀,即可实现图层的冻结/解冻。

(2)单击"图层"工具栏中的图层列表,当列表中弹出图层信息时,单击图标 ❄/☀即可实现图层的冻结/解冻,如图4-12所示。

(3)单击"图层"工具栏中的"冻结选定对象的图层"按钮 ❄,可冻结选定对象所在的图层。

注意:当前图层是不能被冻结的。

3. 锁定/解锁图层

锁定图层后,图层中的对象将不能被编辑和选择。但被锁定的图层是可见的,并且可以查看、捕捉此图层上的对象,还可在此图层上绘制新的图形对象。解锁图层是将图层恢复为可编辑和选择的状态。锁定/解锁图层有以下两种方法:

(1)打开"图层特性管理器"对话框,在该对话框的图层列表中,单击图标 🔒/🔓,即可实现图层的锁定/解锁。

（2）单击"图层"工具栏中的图层列表，当列表中弹出图层信息时，单击图标 🔒 / 🔓 即可，如图 4-13 所示。

图 4-12　图层冻结 / 解冻状态控制　　　图 4-13　图层锁定 / 解锁状态控制

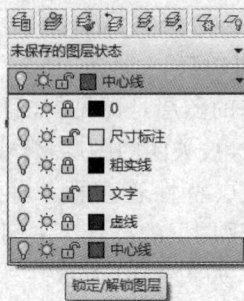

4. 打印 / 不打印图层

图层的不打印设置只对图形中可见的图层（即图层是打开的并且是解冻的）有效。若图层设为打印但该层是冻结的或关闭的，此时 AutoCAD 将不打印该图层。设置打印 / 不打印图层的方法是打开"图层特性管理器"对话框，在该对话框的图层列表中，单击图标 🖨 / 🖨̸，即可实现图层的打印 / 不打印，如图 4-14 所示。

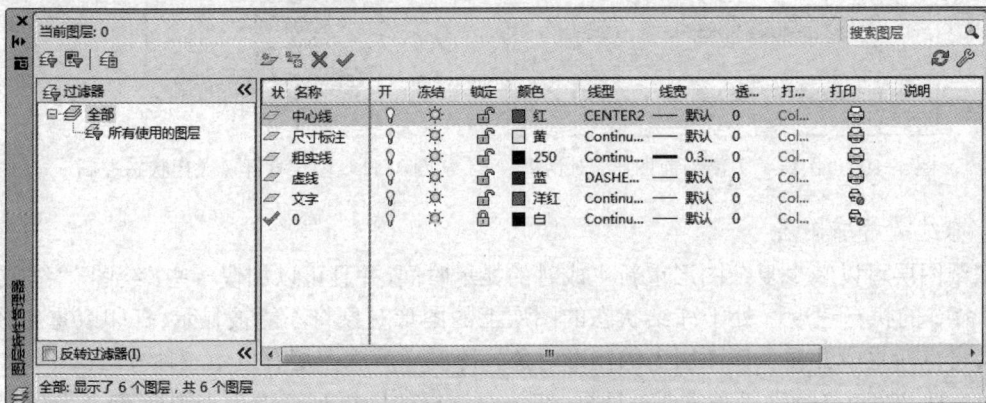

图 4-14　图层打印 / 不打印状态控制

五、设置当前图层

当需要在某个图层上绘制图形时，必须先使该图层成为当前图层。

1. 设置现有图层为当前图层

设置现有图层为当前图层有两种方法：

（1）利用"图层"工具栏。在绘图窗口中不选择任何图形对象，在"图层"工具栏的下拉列表中直接选择要设置为当前图层的图层即可，如图 4-15 所示，把"尺寸标注"图层设为当前图层。

（2）利用"图层特性管理器"对话框。打开"图层特性管理器"对话框，在图层列表中单击要设置为当前图层的图层，然后双击状态栏中的图标，或单击"置为当前"按钮 ✔，使状态栏的图标变为当前图层图标，如图 4-16 所示。单击"确定"按钮，退出对话框，在"图层"工具栏下拉列

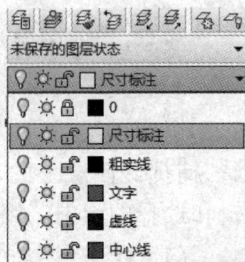

图 4-15　利用"图层"工具栏设置当前图层

表中会显示当前图层的设置。

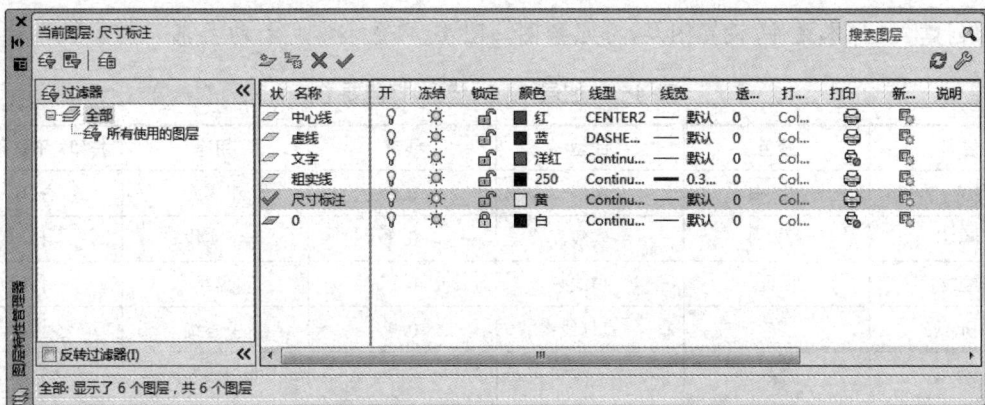

图 4-16 利用"图层特性管理器"对话框设置当前图层

2.设置对象图层为当前图层

在绘图窗口中,选择已经设置图层的对象,然后在"图层"工具栏中单击"将对象的图层置为当前"按钮 ⚇,则该对象所在图层即可成为当前图层。

3.设置对象图层匹配目标图层

在绘图窗口中,选择需要修改图层的对象,然后在"图层"工具栏中单击"将选定对象的图层更改为与目标图层相匹配"按钮 ⚇,则该对象所在图层更改到要使用的图层。

六、返回上一个图层

在"图层"工具栏中,单击"上一个图层"按钮 ⚇,系统放弃使用"图层"控件、"图层特性管理器"对话框所做的最新更改。用户对图层设置所做的更改都将被追踪,并且可以通过"上一个图层"按钮放弃操作。

七、隔离图层/取消隔离图层

在"图层"工具栏中,单击"隔离图层"按钮 ⚇,将隐藏或锁定除选定对象的图层之外的所有图层,根据当前设置,除选定对象所在的图层之外的所有图层均将被关闭,在当前布局视口中被冻结或锁定。这种保持可见且未锁定的图层称为隔离图层。

在"图层"工具栏中,单击"取消隔离图层"按钮 ⚇,将恢复使用隐藏或锁定的所有图层。

八、删除指定的图层

在 AutoCAD 中,为了减少图形所占空间,可以删除不使用的图层。其具体操作步骤如下:

(1)单击"图层"工具栏中的"图层特性管理器"按钮 ⚇,打开"图层特性管理器"对话框。

(2)在"图层特性管理器"对话框的图层列表中选择要删除的图层,单击"删除图层"按钮 ✕,或按键盘上的 Delete 键,所选图层即被删除。

(3)可继续选择下一个图层进行删除操作。

注意:系统默认的图层"0"、包含图形对象的图层、当前图层以及使用外部参照的图层是不能被删除的。在"图层特性管理器"对话框的图层列表中,图层名称前的状态图标" ⚇ "(蓝色)表示图层中包含图形对象," ⚇ "(灰色)表示图层中不包含图形对象。

1. 创建 A4 样本文件，设置图层，分层绘图。图层、颜色、线型、打印要求如表 4-1 所示。

表 4-1 图层、颜色、线型、打印要求

层名	颜色	线型	线宽	用途	打印 / 不打印状态
0	黑 / 白	实线	0.5	粗实线	打印
细实线	黑 / 白	实线	0.3	细实线	打印
虚线	品红	虚线	0.3	虚线	打印
中心线	红	点划线	0.3	中心线	打印
尺寸线	绿	实线	0.3	尺寸、文字	打印
剖面线	蓝	实线	0.3	剖面线	打印

2. 用建立的样本文件绘制图 4-17 所示的图形。

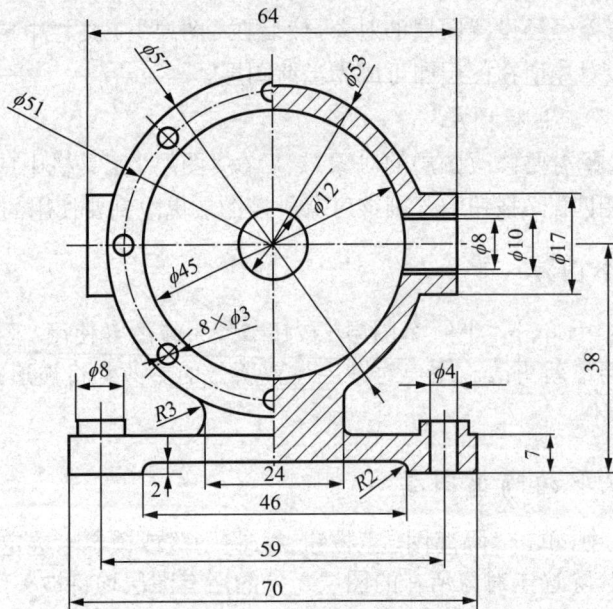

图 4-17 练习题 4-1（2）

情境三 图块及属性

一、图块的基本概念

在绘制工程图时，有很多图形元素需要大量重复使用，如果每次都重新绘制势必会浪费大量的时间，为提高绘图效率，用户可以使用图块功能。

图块是图形对象的集合，常用于绘制复杂、重复的图形。将一组对象组合成块，可以根据绘

图需要将其按不同的比例和旋转角度插入到图中的任意指定位置。

图块具有以下特点：

（1）提高绘图速度；

（2）节省存储空间；

（3）方便修改图形；

（4）可以加入属性。

二、定义图块

每个块定义都包括：块名、一个或多个对象、用于插入块的基点坐标值和所有相关的属性数据。定义图块就是将图形中选定的一个或多个对象组合成一个整体，将其命名保存，并在之后的使用过程中将它视为一个独立、完整的对象进行调用和编辑。

1. 定义内部图块

内部图块是指只能在当前图形文件中使用的图块。定义内部图块有以下三种方法：

（1）单击"块"工具栏上的"创建块"按钮 ；

（2）选择"绘图"|"块"|"创建"菜单命令；

（3）在命令窗口中输入命令"BLOCK"。

执行命令后，AutoCAD弹出图4-18所示的"块定义"对话框。

图4-18 "块定义"对话框

在"块定义"对话框中各个选项的含义如下：

◎"名称"下拉列表框：用于确定图块的名称。

◎"基点"选项组：用于确定图块的插入基点位置。用户可以输入插入基点的X、Y、Z坐标，也可以单击"拾取点"按钮 ，在绘图窗口中选取插入基点的位置。

◎"对象"选项组：用于确定组成图块的对象。

•"选择对象"按钮 ：单击该按钮，即可在绘图窗口中选择构成图块的图形对象。

•"快速选择"按钮 ：单击该按钮，打开"快速选择"对话框，如图4-19所示。可以通过该对话框进行快速过滤来选择满足条件的实体目标。

•"保留"单选项：选择该选项，则在创建图块后，所选图形对象仍保留并且属性不变。

•"转换为块"单选项：选择该选项，则在创建图块后，所选图形对象转换为图块。

• "删除"单选项:选择该选项,则在创建图块后,所选图形对象被删除。

图 4-19 "快速选择"对话框

◎"设置"选项组:用于进行相应设置。

• "块单位"下拉列表框:指定块参照的插入单位。

• "超链接"按钮:将某个超链接与块定义相关联,单击该按钮,弹出"插入超链接"对话框,如图 4-20 所示,从列表中选择或指定路径,可以将超链接与块定义相关联。

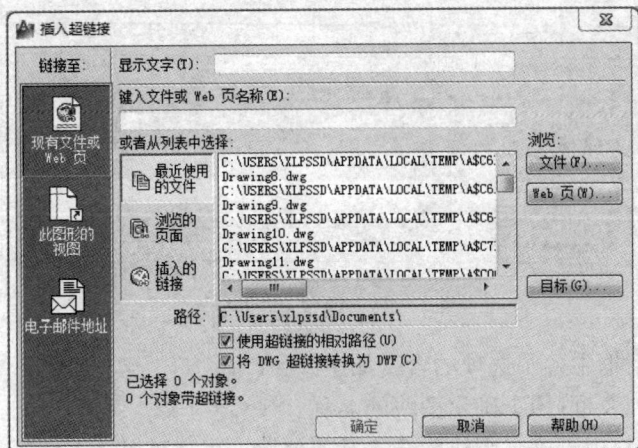

图 4-20 "插入超链接"对话框

◎"方式"选项组:用于块的方式设置。

• "按统一比例缩放"复选框:指定块参照是否按统一比例缩放。

• "允许分解"复选框:指定块参照是否可以被分解。

◎"说明"文本框:用于输入图块的说明文字。

◎"在块编辑器中打开"复选框:用于在块编辑器中打开当前的块定义,主要用于创建动态块。

通过"块定义"对话框完成对应的设置后,单击"确定"按钮,即可完成图块的创建。

例题 4-1 通过定义内部图块的方法绘制图 4-21 所示的图形,名称为"内部块"。

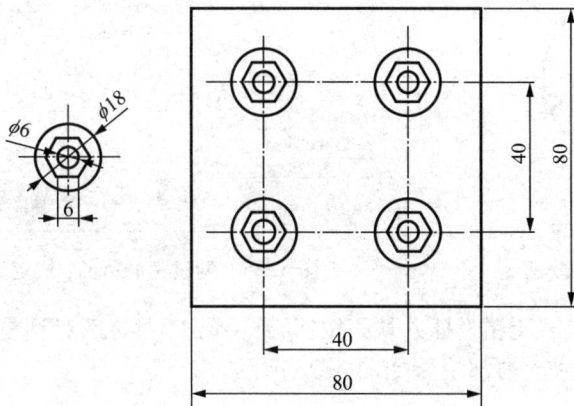

图 4-21 例题 4-1

◆绘图步骤:

(1)单击"块"工具栏上的"创建块"按钮 ,弹出图 4-22 所示的"块定义"对话框。

(2)在"块定义"对话框的"名称"下拉列表框中输入图块的名称"内部块"。

图 4-22 "块定义"对话框

(3)在"块定义"对话框中,单击"对象"选项组中的"选择对象"按钮 ,在绘图窗口中选择图形,此时图形以虚线显示,如图 4-23 所示,按 Enter 键确认。

(4)在"块定义"对话框中,单击"基点"选项组中的"拾取点"按钮 ,在绘图窗口中选择圆心作为图块的插入基点,如图 4-24 所示。

(5)单击"确定"按钮,即可创建"内部块"图块,如图 4-25 所示。

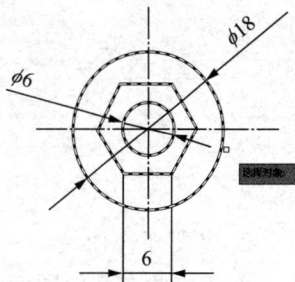

图 4-23 选择图块对象

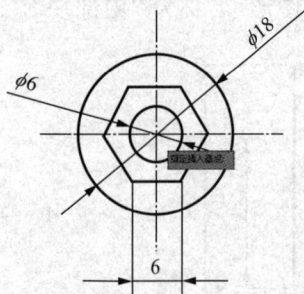

图 4-24 拾取图块的插入基点

图 4-25 创建完成后的"块定义"对话框

（6）单击"块"工具栏上的"插入块"按钮 🔲 ，弹出"插入"对话框。在"插入"对话框的"名称"下拉列表框中选择"内部块"，如图 4-26 所示。

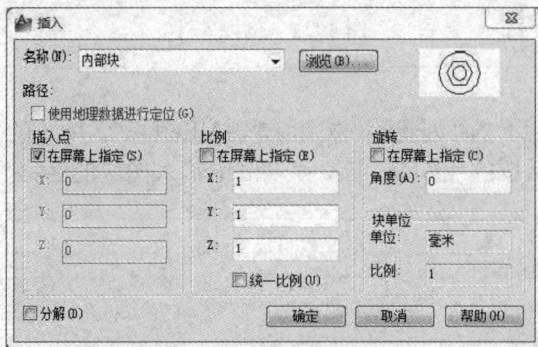

图 4-26 "插入"对话框

（7）单击"确定"按钮，即可插入"内部块"图块，如图 4-27 所示，完成绘图。

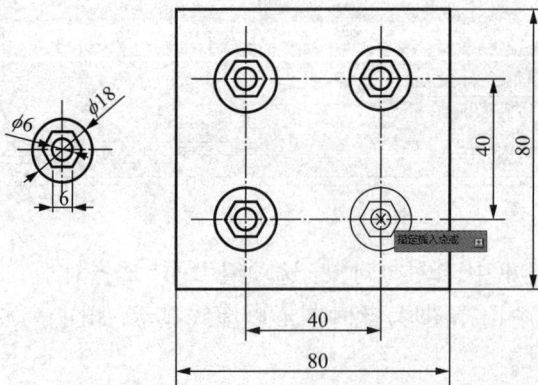

图 4-27 插入"内部块"图块

2. 定义外部图块

如果需要在其他图形中使用已经定义的图块，如标题栏、图框以及一些通用的图形对象等，可以将图块以图形文件形式单独保存下来，称为外部图块。这时，它和一般图形文件没有区别，可以被打开、编辑，也可以以图块形式方便地插入到其他图形文件中。保存图块也就是我们通常所说的"写块"。

启用"写块"命令方法如下：

在命令窗口中输入命令"WBLOCK"。

执行"写块"命令后，AutoCAD 将弹出图 4-28 所示的"写块"对话框。

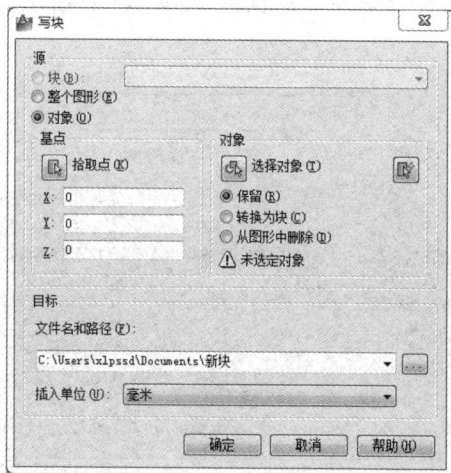

图 4-28　"写块"对话框

"写块"对话框中各个选项的含义如下：

◎"源"选项组：用于选择图块和图形对象，将其保存为文件并为其指定插入点。

• "块"单选项：用于从列表中选择要保存为图形文件的现有图块。

• "整个图形"单选项：将当前图形作为一个图块，并作为一个图形文件保存。

◎"基点"选项组：用于确定块的插入基点位置。

◎"对象"选项组：用于从绘图窗口中选择构成图块的图形对象。

◎"目标"选项组：用于指定图块的保存名称、保存位置和插入图块时使用的测量单位。其中，"文件名和路径"下拉列表框用于输入或选择图块文件的名称、保存位置。单击右侧的"…"按钮，弹出"浏览图形文件"对话框，即可指定图块的保存位置，并指定图块的名称。用"写块"命令创建块后，该块以 DWG 格式保存，即以 AutoCAD 图形文件格式保存。

设置完成后，单击"确定"按钮，将图形存储到指定的位置，在绘图过程中有需要时调用。

注意：利用"写块"命令创建的图块是 AutoCAD 2012 的一个 DWG 文件，属于外部文件，它不会保留原图形未用的图层、线型等属性。

例题 4-2 将表面粗糙度符号创建为带属性的外部图块，如图 4-29 所示。

◆绘图步骤：

（1）按图 4-29 所示尺寸绘制表面粗糙度符号。

（2）创建表面粗糙度外部图块。

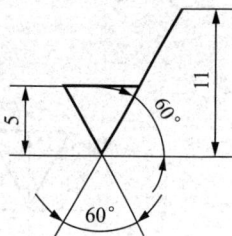

图 4-29　例题 4-2

三、插入图块

在绘图过程中，若需要应用图块时，可以利用"插入块"命令将已创建的图块插入到当前图形中。在插入图块时，用户需要指定图块的名称、插入点、缩放比例和旋转角度等。

启用"插入块"命令有以下三种方法:

(1) 选择"插入"|"块"菜单命令;

(2) 单击"块"工具栏中的"插入块"按钮 ;

(3) 在命令窗口中输入命令"INSERT"。

执行"插入块"命令后,弹出"插入"对话框,如图 4-30 所示,从中即可指定要插入图块的名称与位置。

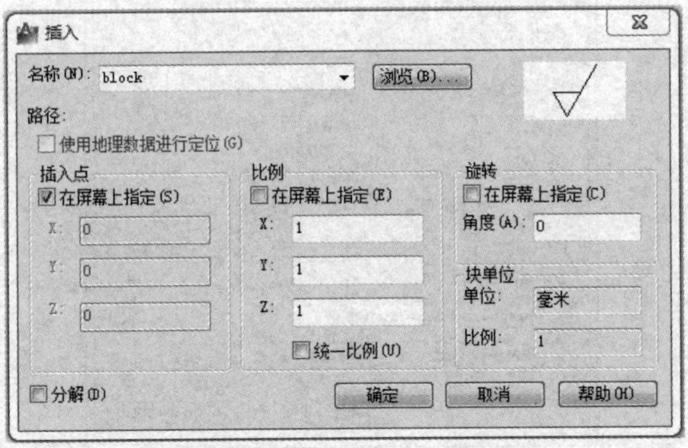

图 4-30 "插入"对话框

"插入"对话框中各个选项的含义如下:

◎ "名称"下拉列表框:用于输入或选择需要插入的图块名称。若需要使用外部图块(即利用"写块"命令创建的图块),可以单击"浏览"按钮,在弹出的"选择图形文件"对话框中选择相应的图块文件,单击"确定"按钮,即可将该文件中的图形作为块插入到当前图形中。

◎ "插入点"选项组:用于指定图块的插入点的位置。用户可以利用鼠标在绘图窗口中指定插入点的位置,也可以输入 X、Y、Z 坐标。

注意:前面曾介绍过,用"写块"命令创建的外部图块以 AutoCAD 图形文件格式(即 DWG 格式)保存。实际上,用户可以用"插入块"命令将任意一个 AutoCAD 图形文件插入到当前图形中。但是,当将某一图形文件以块的形式插入时,AutoCAD 默认将图形的坐标原点作为块上的插入基点,这样往往会给绘图带来不便。为此,AutoCAD 允许用户为图形重新指定插入基点。用于设置图形插入基点的命令是"BASE",在执行"插入块"命令后提示"指定插入点",在命令窗口中输入"BASE",AutoCAD 提示:

输入基点:

在此提示下指定一点,即可为图形指定新的基点,如图 4-31 所示。

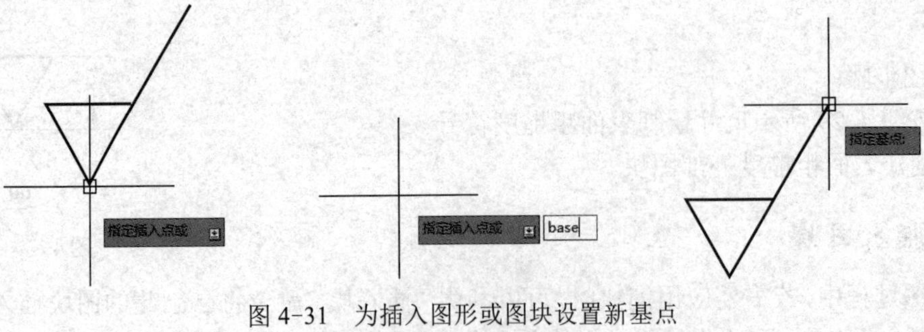

图 4-31 为插入图形或图块设置新基点

◎"比例"选项组:用于指定图块的缩放比例。用户可以直接输入图块的 X、Y、Z 方向的比例因子,也可以利用鼠标在绘图窗口中指定图块的缩放比例。

◎"旋转"选项组:用于指定图块的旋转角度。在插入块时,用户可以按照设置的角度旋转图块,也可以利用鼠标在绘图窗口中指定图块的旋转角度。

◎"分解"复选框:若选择该选项,则插入的图块不是一个整体,而是被分解为各个单独的图形对象。

注意:当在图形中使用图块时,AutoCAD 2012 将图块作为单个的对象处理,只能对整个图块进行编辑。如果用户需要编辑组成图块的某个对象时,需要将图块的组成对象分解为单一个体。将图块分解,有以下两种方法。

方法一:插入图块时,在"插入"对话框中选择"分解"复选框,再单击"确定"按钮,插入的图形仍保持原来的形式,但可以对其中某个对象进行修改。

方法二:插入图块后,单击"修改"工具栏中的"分解"按钮 🗗,将图块分解为多个对象。分解后的对象将被还原为原始的图层属性设置状态。如果分解带有属性的图块,属性值将丢失,并重新显示其属性定义。

◎"块单位"选项组:显示有关图块单位的信息。

通过"插入"对话框设置了要插入的图块以及插入参数后,单击"确定"按钮,即可将图块插入到当前图形中。如果选择了在屏幕上指定插入点、插入比例或旋转角度,插入图块时还应根据提示指定插入点、插入比例等。

四、编辑图块

利用块编辑器可以对已经创建的图块进行修改。启用"编辑块"命令有以下三种方法:

(1)单击"块"工具栏上的"块编辑器"按钮 🖧;

(2)选择"工具"|"块编辑器"菜单命令;

(3)在命令窗口中输入"BEDIT"。

执行"编辑块"命令后,AutoCAD 弹出图 4-32 所示的"编辑块定义"对话框。

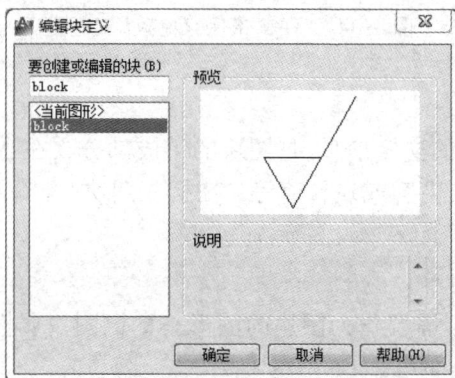

图 4-32 "编辑块定义"对话框

从对话框左侧的列表中选择要编辑的块,然后单击"确定"按钮,AutoCAD 进入块编辑模式,如图 4-33 所示。

此时显示出要编辑的块,用户可直接对其进行编辑。编辑块后,单击对应工具栏上的"关闭块编辑器"按钮,AutoCAD 显示图 4-34 所示的对话框,选择"将更改保存到 block",则会关闭块编辑器,并确认对块定义的修改。利用块编辑器修改了块,则当前图形中插入的对应块均自动进行对应的修改。

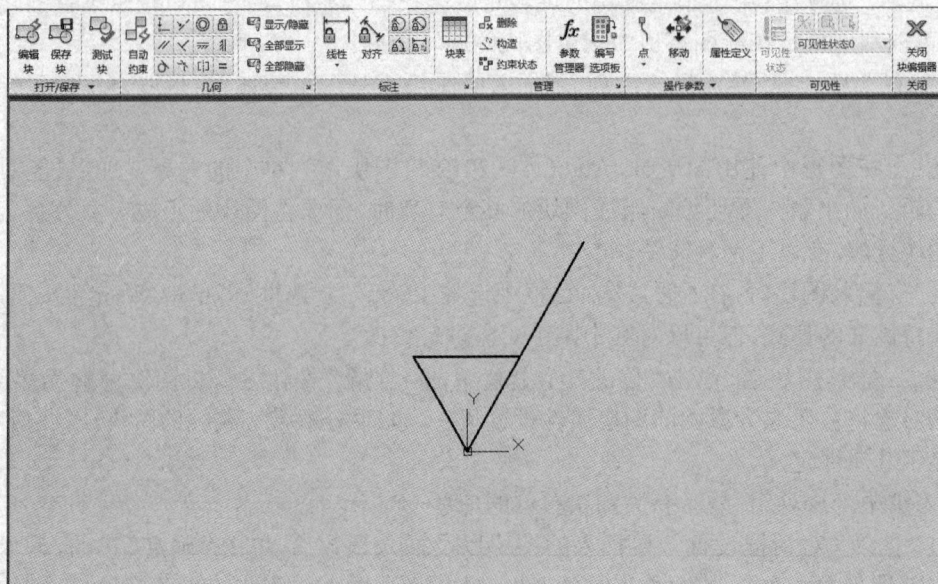

图 4-33　块编辑模式

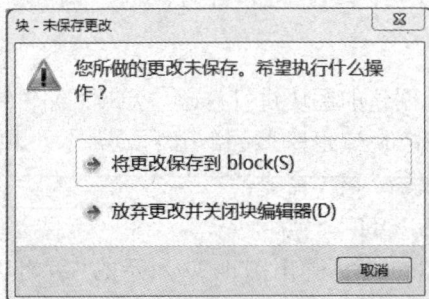

图 4-34　"块 - 未保存更改"对话框

五、图块属性

图块属性是从属于图块的文字信息,是图块的组成部分。在 AutoCAD 2012 中经常利用图块属性来预定义文字的位置、内容或缺省值等。在插入图块时,输入不同的文字信息,可以使相同的图块表达不同的信息。

1."定义属性"命令

定义带有属性的图块时,需要作为图块的图形与标记图块属性的信息,将这两个部分进行属性的定义后,再定义为图块即可。

启用"定义属性"命令有以下三种方法:

(1)选择"绘图"|"块"|"定义属性"菜单命令;

(2)在"块"工具栏中选择"定义属性"按钮 🔖 ;

(3)在命令窗口中输入命令"ATTDEF"。

利用上述任意一种方法启用"定义属性"命令,弹出"属性定义"对话框,如图 4-35 所示,从中可以定义模式、属性标记、属性提示、属性值、插入点以及属性的文字选项等。

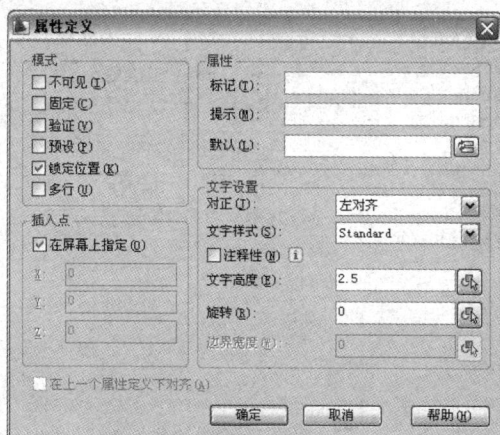

图 4-35 "属性定义"对话框

"属性定义"对话框中各个选项的含义如下：

◎"模式"选项组：用于设置属性的模式。

◎"属性"选项组："标记"文本框用于确定属性的标记(用户必须指定标记)，"提示"文本框用于确定插入块时 AutoCAD 提示用户输入属性值的提示信息，"默认"文本框用于设置属性的默认值，用户在各对应文本框中输入具体内容即可。

◎"插入点"选项组：用于确定属性值的插入点，即属性文字排列的参考点。

◎"文字设置"选项组：用于确定属性文字的格式。

确定了"属性定义"对话框中的各项内容后，单击对话框中的"确定"按钮，AutoCAD 完成属性定义，并在图形中按指定的文字样式、对齐方式显示出属性标记。用户可以用上述方法为图块定义多个属性。

例题 4-3 创建带有属性的表面粗糙度图块(ccd-block)，并把它应用到图 4-36 所示的图形中。

◆绘图步骤：

(1)根据所绘制图形的大小，首先绘制一个表面粗糙度符号，如图 4-36(a)所示。

(2)选择"绘图"|"块"|"定义属性"菜单命令，弹出"属性定义"对话框。

(3)在"属性"选项组的"标记"文本框中输入表面粗糙度参数值的标记"RA"，在"提示"文本框中输入提示文字"请输入粗糙度的值"，在"默认"文本框中输入表面粗糙度参数值"1.6"，在"文字设置"选项组的"文字高度"文本框中输入值"3"，如图 4-37 所示。

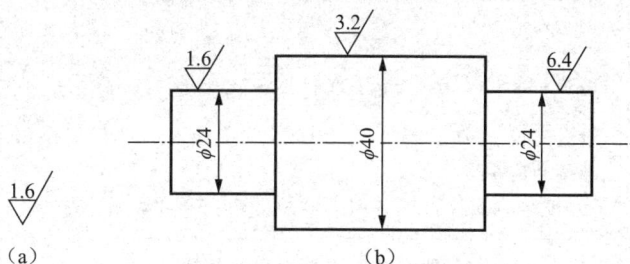

图 4-36 例题 4-3

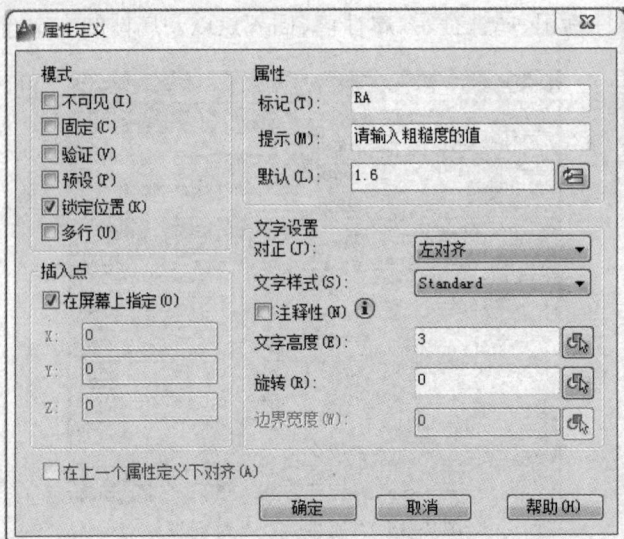

图 4-37 "属性定义"对话框

（4）单击"属性定义"对话框中的"确定"按钮，在绘图窗口中指定属性的插入点，如图 4-38（a）所示，在文本的左下角单击鼠标，完成的图形效果如图 4-38（b）所示。

（a）　　　　　　　　　（b）

图 4-38　完成属性定义

（5）单击"块"工具栏上的"创建块"按钮 ，弹出"块定义"对话框。在"名称"下拉列表框中输入块的名称"ccd-block"，单击"选择对象"按钮 ，在绘图窗口中选择图 4-38（b）所示的图形；单击"基点"选项组中的"拾取点"按钮，选择粗糙度下方顶点作为图块的基点，并单击鼠标右键，完成带属性块的创建，如图 4-39 所示。

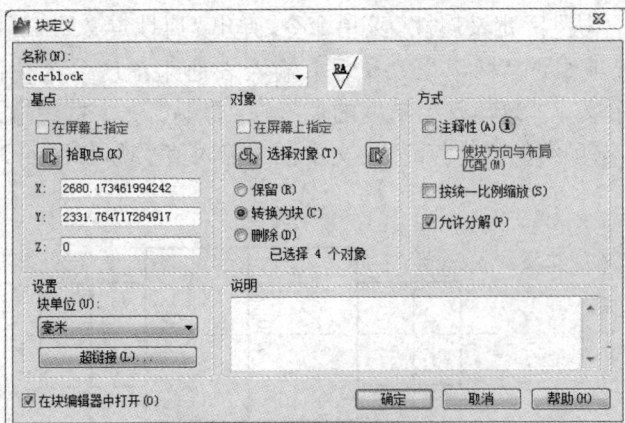

图 4-39　带属性块的创建

94

（6）单击"块定义"对话框中的"确定"按钮，弹出"编辑属性"对话框，如图4-40所示，直接单击该对话框中的"确定"按钮。

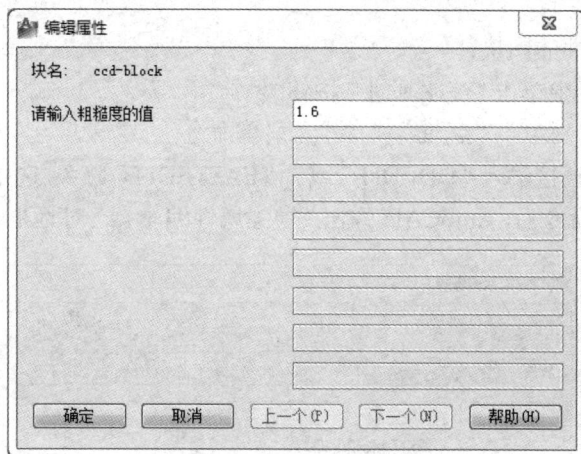

图4-40 "编辑属性"对话框

（7）单击"块"工具栏上"插入块"按钮 🔲，弹出"插入"对话框，如图4-41所示。

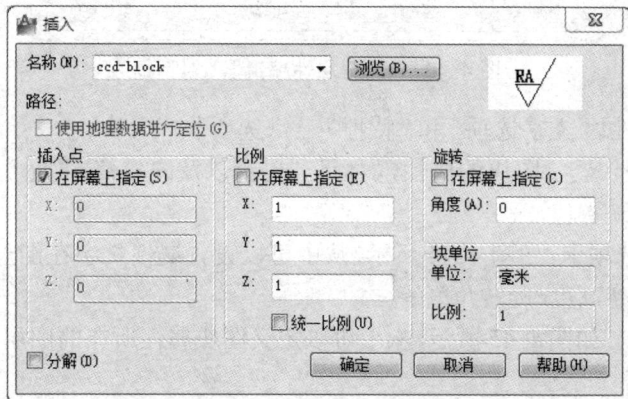

图4-41 插入带属性的块

（8）在"插入"对话框中单击"确定"按钮，并在绘图窗口中要插入粗糙度符号的位置处单击，十字光标下方提示输入粗糙度的值，输入数值"3.2"，如图4-42所示。若直接按Enter键，则显示默认参考值"1.6"。继续插入块，完成操作后图形效果如图4-36（b）所示。

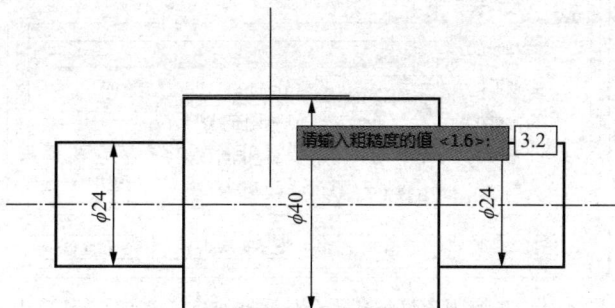

图4-42 输入属性值

2. 修改属性定义

块插入完成后,由于种种原因,可能需对某些属性值进行修改。启用"编辑属性"命令有以下三种方法:

(1) 直接双击带属性的图块;

(2) 在"块"工具栏中单击"编辑属性"按钮 ♥;

(3) 选择"修改"|"对象"|"属性"|"单个"菜单命令;

(4) 在命令窗口中直接输入"DDEDIT"或者"EATTEDIT"命令,选中待修改的属性块。

执行"编辑属性"命令后,AutoCAD 弹出"增强属性编辑器"对话框,如图 4-43 所示。

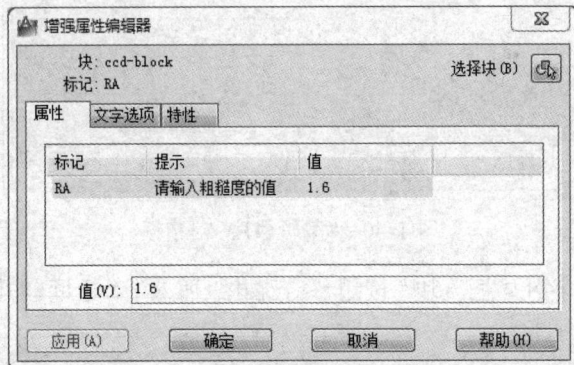

图 4-43 "增强属性编辑器"对话框

对话框中有"属性""文字选项"和"特性"三个选项卡。

◎"属性"选项卡:显示图块的属性,如标记、提示以及缺省值,此时用户可以在"值"文本框中修改图块属性的缺省值。

◎"文字选项"选项卡:如图 4-44 所示,从中可以设置属性文字在图形中的显示方式,如文字样式、对正方式、文字高度、旋转角度等。

◎"特性"选项卡:如图 4-45 所示,从中可以定义图块属性所在的图层以及线型、颜色、线宽等。

设置完成后单击"应用"按钮,即可修改图块属性;单击"确定"按钮,确认修改图块属性,并关闭对话框。

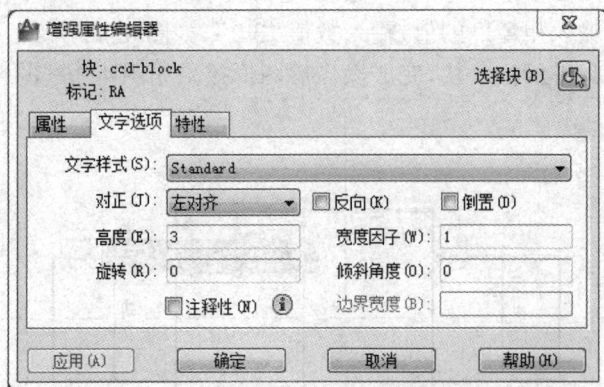

图 4-44 "增强属性编辑器"对话框的"文字选项"选项卡

图 4-45 "增强属性编辑器"对话框的"特性"选项卡

3. 属性显示控制

在命令窗口中输入"ATTDISP",执行"属性显示控制"命令,AutoCAD 提示:

输入属性的可见性设置 [普通（N）/ 开（ON）/ 关（OFF ）] ＜普通＞:

其中:"普通"选项表示将按定义属性时规定的可见性模式显示各属性值;"开"选项表示将会显示出所有属性值,与定义属性时规定的属性可见性无关;"关"选项则表示不显示所有属性值,与定义属性时规定的属性可见性无关。

六、块属性管理器

图形中存在多种图块时,可以通过"块属性管理器"命令来管理图形中所有图块的属性。启用"块属性管理器"命令有以下三种方式:

（1）选择"修改"|"对象"|"属性"|"块属性管理器"菜单命令;

（2）在"块"工具栏中单击"块属性管理器"按钮 ;

（3）在命令窗口中输入命令"BATTMAN"。

执行"块属性管理器"命令后,弹出"块属性管理器"对话框,如图 4-46 所示。在对话框中,可以对选择的块进行以下属性编辑:

（1）单击"选择块"按钮 ,暂时隐藏对话框,在图形中选中要进行编辑的图块,返回到"块属性管理器"对话框中进行编辑。

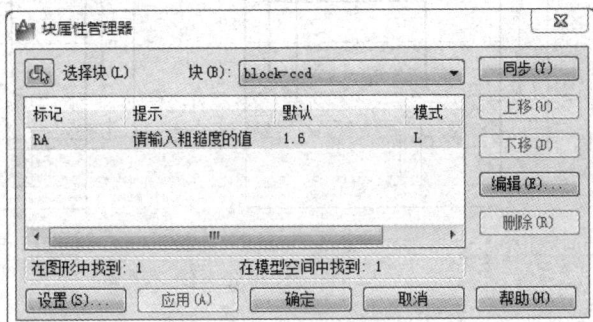

图 4-46 "块属性管理器"对话框

（2）"块"下拉列表框中列出了具有属性定义的块,从中选择要进行编辑的图块。

（3）单击"设置"按钮,弹出"块属性设置"对话框,如图 4-47 所示,可以设置"块属性管理器"对话框中属性信息的列出方式,设置完成后单击"确定"按钮返回"块属性管理器"对话框。

（4）当修改块的某一属性定义后,单击"同步"按钮,更新所有具有当前定义属性特性的选定块的全部实例。

（5）单击"上移"按钮,在"提示"序列中,向上一行移动选定的属性标签。单击"下移"按钮,在"提示"序列中,向下一行移动选定的属性标签。选定固定属性时,"上移"或"下移"按钮为不可用状态。

（6）单击"编辑"按钮,弹出"编辑属性"对话框,如图 4-48 所示,在"属性""文字选项"和"特性"选项卡中,对块的各项属性进行修改,设置完成后,单击"确定"按钮返回"块属性管理器"对话框。

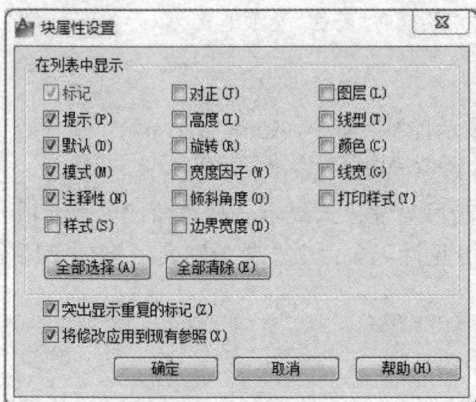

图 4-47 "块属性设置"对话框

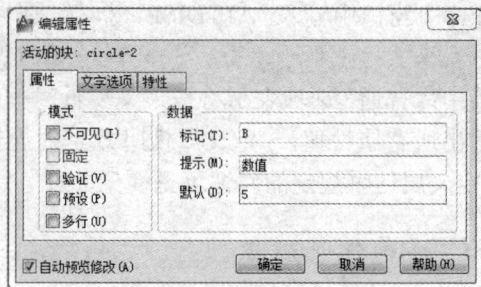

图 4-48 "编辑属性"对话框

🖳 练习题 4-2

1. 将基准符号创建为带属性的外部块,基准符号尺寸如图 4-49 所示。

2. 绘制图 4-50（a）所示的图形,大小自定,用插入带属性块的方法标注表面粗糙度,如图 4-50（b）所示。

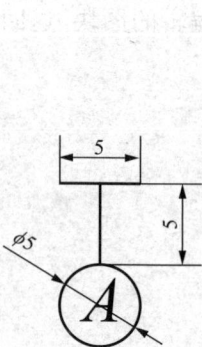

图 4-49 练习题 4-2（1）

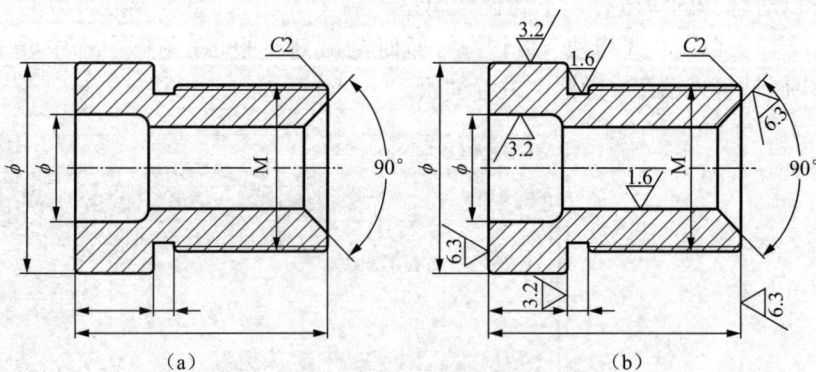

图 4-50 练习题 4-2（2）

模块五
文字和尺寸标注

📖 知识目标

1. 熟练掌握文字和表格的使用方法及编辑技巧；

2. 熟练掌握尺寸标注的设置方法；

3. 掌握尺寸编辑命令的用法和尺寸标注的修改方法；

4. 掌握正确标注零件图和装配图的技术要求的方法。

🎯 技能目标

1. 能够灵活运用文字和表格的编辑功能来表达图形的各种信息；

2. 能够正确设置尺寸标注样式；

3. 能够正确标注零件图和装配图的尺寸要求、表面要求和技术要求等。

👆 情境一 编辑文字

一、设置文字样式

输入文字之前，首先要设置文字样式。AutoCAD 图形中的文字是根据当前文字样式标注的。文字样式说明所标注文字使用的字体以及其他设置，如字高、颜色、宽高比、倾斜角度以及对齐方式等。AutoCAD 2012 为用户提供了默认文字样式"Standard"。启用"文字样式"命令有以下三种方法：

（1）选择"格式"|"文字样式"菜单命令；

（2）单击"文字"或"注释"工具栏上的"文字样式管理器"按钮 **A**；

（3）在命令窗口中输入命令"STYLE"。

执行"文字样式"命令后，系统弹出"文字样式"对话框，如图 5-1 所示。

在"文字样式"对话框中，各选项的含义如下：

◎"样式"列表框：在该列表框中列有当前已定义的文字样式，用户可从中选择对应的样式作为当前样式或进行样式修改。

◎ 预览框：用于预览所选择或所定义文字样式的标注效果，随着字体的改变和效果的修改，动态显示文字样例。

◎"字体"选项组：用于确定所采用的字体，设置文字样式的字体类型等。

通过"字体名"下拉列表框可以选择文字样式的字体类型。在"字体名"下拉列表框中选择"TrueType 字体","使用大字体"复选框将变为无效,而后面的"字体样式"下拉列表框将变为有效,利用该下拉列表框可设置字体的样式(常规、粗体、斜体等,该设置只对英文字体有效,并且字体不同,"字体样式"下拉列表框的内容也不同)。

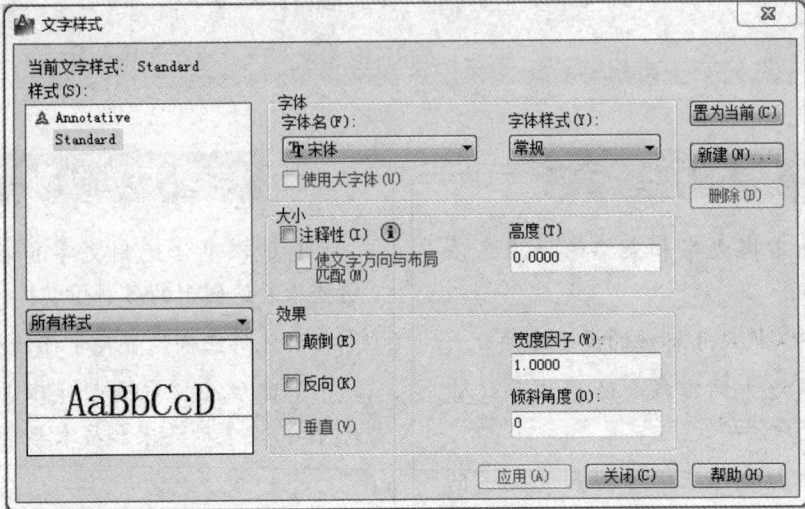

图 5-1 "文字样式"对话框

在"字体名"下拉列表框中选择"SHX 字体","使用大字体"复选框被选中后,后面的"大字体"下拉列表框变为有效,如图 5-2 所示。

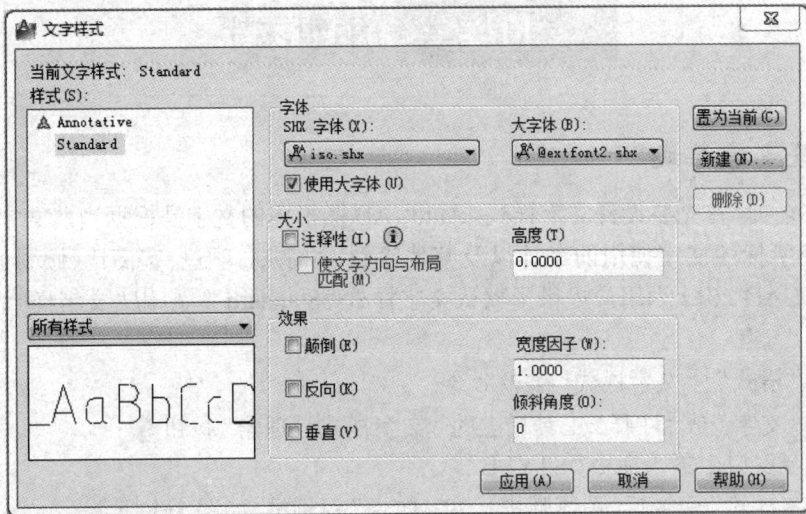

图 5-2 选择 SHX 字体

◎"大小"选项组:用于指定文字的高度。

◎"效果"选项组:用于设置字体的某些特征,如字的宽度因子(即宽高比)、倾斜角度、是否颠倒显示、是否反向显示以及是否垂直显示等,文字的效果如图 5-3 所示。

注意:文字倾斜角度 α 的取值范围是 $-85° \leqslant \alpha \leqslant 85°$。

AutoCAD模块化教程

(a)正常效果

AutoCAD模块化教程

(b)颠倒效果

AutoCAD模块化教程

(c)反向效果

AutoCAD模块化教程

(d)倾斜效果

AutoCAD模块化教程

(e)宽度因子为0.5

AutoCAD模块化教程

(f)宽度因子为2

图5-3　各种文字的效果

◎ 按钮:"新建"按钮用于创建新样式,单击该按钮,弹出"新建文字样式"对话框,如图5-4所示。在该对话框的文本框中输入用户所需要的样式名,单击"确定"按钮,返回到"文字样式"对话框,在对话框中对新命名的文字进行设置。"置为当前"按钮用于将选定的样式设为当前样式。"应用"

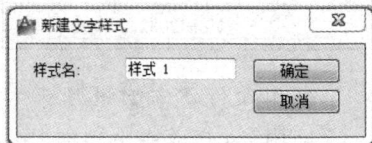

图5-4　"新建文字样式"对话框

按钮用于确认用户对文字样式的设置。单击"确定"按钮,AutoCAD关闭"文字样式"对话框。

二、标注文字

1.用单行文字编辑器标注文字

启用"单行文字编辑器"命令有以下三种方法:

(1)在命令窗口中输入命令"TEXT"或者"DTEXT";

(2)选择"绘图"|"文字"|"单行文字"菜单命令;

(3)在"文字"或"注释"工具栏中单击"单行文字"按钮 A单行文字 。

执行"单行文字编辑器"命令后,AutoCAD提示:

当前文字样式:文字高度:2.5000

指定文字的起点或[对正(J)/样式(S)]:

第一行提示说明当前文字样式以及文字高度。第二行提示中,"指定文字的起点"选项用于确定文字行的起点位置。用户确定后,AutoCAD提示:

指定高度:(输入文字的高度值)

指定文字的旋转角度<0>:(输入文字行的旋转角度)

输入后,AutoCAD在绘图窗口中显示出一个表示文字位置的方框,用户在其中输入要标注的文字后,按两次Enter键,即可完成文字的标注。

创建单行文字时,用户还可以在文字中输入特殊字符,例如直径符号 ϕ、百分号%,正负公差符号 ±、上划线和下划线等,但是这些特殊符号一般不能由标准键盘直接输入,为此系统提供了专用的代码。每个代码是由"％％"与一个字符所组成,如％％C、％％D、％％P 等。表 5-1 为用户提供了特殊字符的代码。

表 5-1　特殊字符的代码

代码	对应字符	输入效果
％％O	上划线	<u>文字说明</u>
％％U	下划线	<u>文字说明</u>
％％D	度数符号"°"	90°
％％P	公差符号"±"	±100
％％C	圆直径标注符号"ϕ"	ϕ80
％％％	百分号"％"	98%
\U+2220	角度符号"∠"	∠A
\U+2248	几乎相等符号"≈"	X≈A
\U+2260	不相等符号"≠"	A≠B
\U+00B2	上标 2	X^2
\U+2082	下标 2	X_2

2. 用在位文字编辑器标注文字

启用"在位文字编辑器"命令有以下三种方法:

(1)在命令窗口中输入命令"MTEXT";

(2)选择"绘图"|"文字"|"多行文字"菜单命令;

(3)在"文字"或"注释"工具栏中单击"多行文字"按钮 **A** 多行文字。

执行"在位文件编辑器"命令后,AutoCAD 提示:

指定第一角点:

在此提示下指定一点作为第一角点后,AutoCAD 继续提示:

指定对角点或［高度(H)／对正(J)／行距(L)／旋转(R)／样式(S)／宽度(W)］:

如果响应默认项,即指定另一角点的位置,AutoCAD 弹出图 5-5 所示的在位文字编辑器。

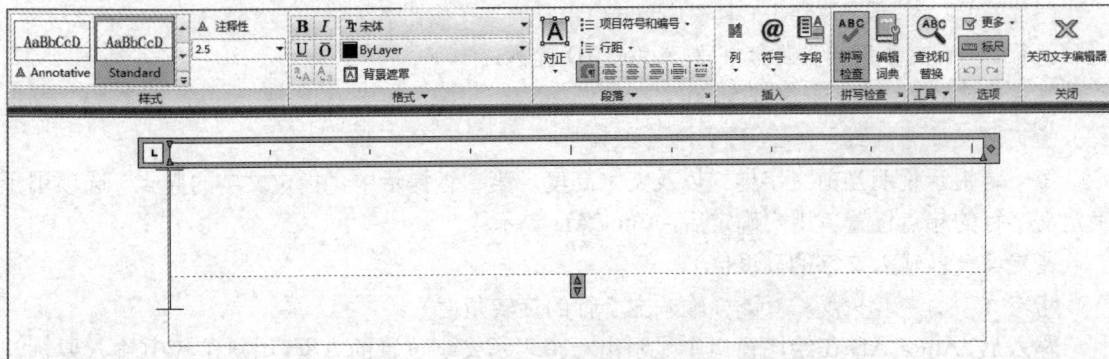

图 5-5　在位文字编辑器

在位文字编辑器由"文字格式"工具栏和水平标尺等组成,工具栏上有一些下拉列表框、按钮等。用户可通过该编辑器输入要标注的文字,并进行相关标注设置。

三、编辑修改文字

启用"编辑"命令有以下四种方法:

（1）直接双击要编辑的文字对象;

（2）选择"修改"|"对象"|"文字"|"编辑"菜单命令;

（3）在"文字"工具栏中单击"编辑"按钮 ;

（4）在命令窗口中输入命令"DDEDIT"。

执行"编辑"命令后,AutoCAD 提示:

选择注释对象或 [放弃(U)]:

此时应选择需要编辑的文字。标注文字时使用的标注方法不同,选择文字后 AutoCAD 给出的响应也不相同。如果所选择的文字是用单行文字编辑器标注的,选择文字对象后,AutoCAD 会在该文字四周显示出一个方框,此时用户可直接修改对应的文字。如果在"选择注释对象或 [放弃(U)]:"提示下选择的文字是用在位文字编辑器标注的,AutoCAD 则会弹出在位文字编辑器,并在其中显示出所选择的文字,供用户编辑、修改。

四、文字查找、替换

在 AutoCAD 中,用户可以通过"查找"命令快速查找指定的文字,并可以对查找到的文字进行替换、修改、选择以及缩放等。启用"查找"命令有以下三种方法:

（1）选择"编辑"|"查找"菜单命令;

（2）在命令窗口中输入命令"FIND";

（3）单击鼠标右键,从快捷菜单中选择"查找"选项;

（4）在"文字"工具栏中单击"查找"按钮 。

启用"查找"命令后,弹出"查找和替换"对话框,如图 5-6 所示。在该对话框中,用户可以进行文字查找、替换、修改、选择以及缩放等操作。

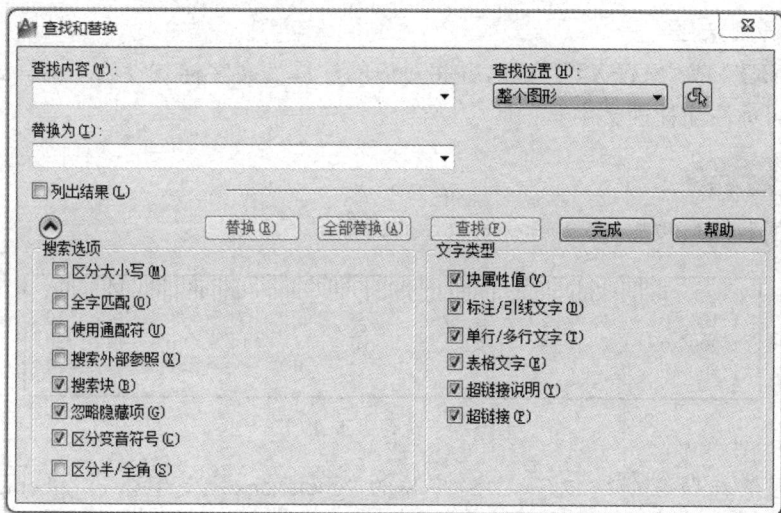

图 5-6 "查找和替换"对话框

在"查找和替换"对话框中,各个选项的含义如下:

◎"查找内容"文本框:用于输入或选择要查找的文字。

◎"替换为"文本框:用于输入或选择替换后的文字。

◎"查找位置"下拉列表框:用于选择文字的查找范围。其中:"整个图形"选项用于在整个图形中查找文字,单击按钮 ，然后选择图形中的文字即可;"当前选择"选项用于在指定的文字对象中查找文字。

五、注释性文字

AutoCAD 2012 可以将文字、尺寸、形位公差、块、属性、引线等指定为注释性文字。

1. 注释性文字样式

用于定义注释性文字样式的命令也是"STYLE",其定义过程与文字样式定义过程类似。执行"STYLE"命令后,在打开的图5-7所示的"文字样式"对话框中,要选中"注释性"复选框。选中该复选框后,会在"样式"列表框中的对应样式名前显示图标,表示该样式属于注释性文字样式。

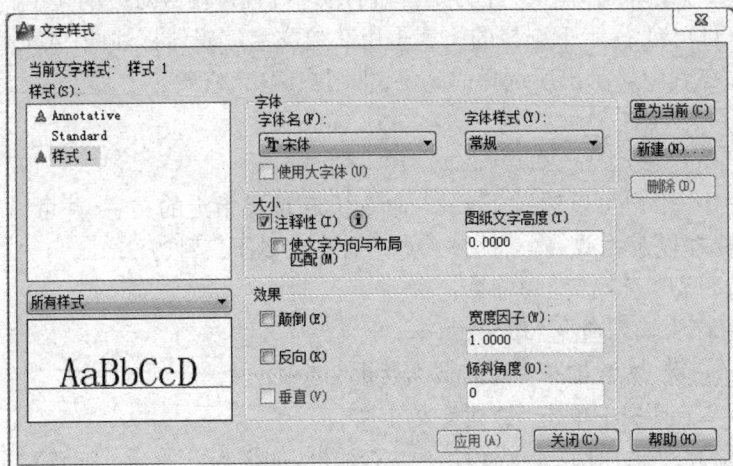

图 5-7 "文字样式"对话框

2. 标注注释性文字

使用"DTEXT"或"MTEXT"命令,并将对应的注释性文字样式设为当前样式,或选择标注注释性文字即可标注注释性文字。

练习题 5-1

1. 利用文字和阵列功能,画出图 5-8 所示的图形。

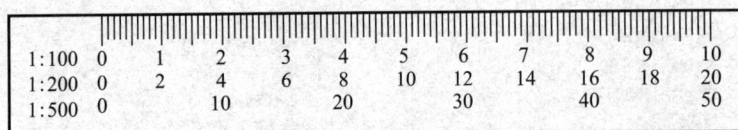

图 5-8 练习题 5-1(1)

2. 为 A4 图纸标题栏创建以下文字,字体为"gbeitc.shx",大字体为"gbcbig.shx",高度为"5.000 0",如图 5-9 所示。

技术要求

1. 未注倒角为1x45°

2. Φ45的轴孔需配作，公差为±0.02，或 $^{+0.02}_{-0.02}$

(图名)		材料		比例	
		数量		共 张 第 张	
制图		(日期)	(班级)		(代号)
审核		(日期)			

图 5-9 练习题 5-1（2）

情境二 编辑表格

一、定义表格样式

利用 AutoCAD 2012 的表格功能，可以方便、快速地绘制图纸所需的表格，如明细表、标题栏等。

在绘制表格之前，要启用"表格样式"命令来设置表格的样式，表格样式用于控制表格单元的填充颜色、内容对齐方式、数据格式，表格文本的文字样式、高度、颜色以及表格边框等。启用"表格样式"命令有三种方法：

（1）选择"格式"｜"表格样式"菜单命令；

（2）单击"注释"工具栏中的"表格样式管理器"按钮 ；

（3）在命令窗口中输入命令"TABLESTYLE"。

执行"表格样式"命令后，系统将弹出"表格样式"对话框，如图 5-10 所示。

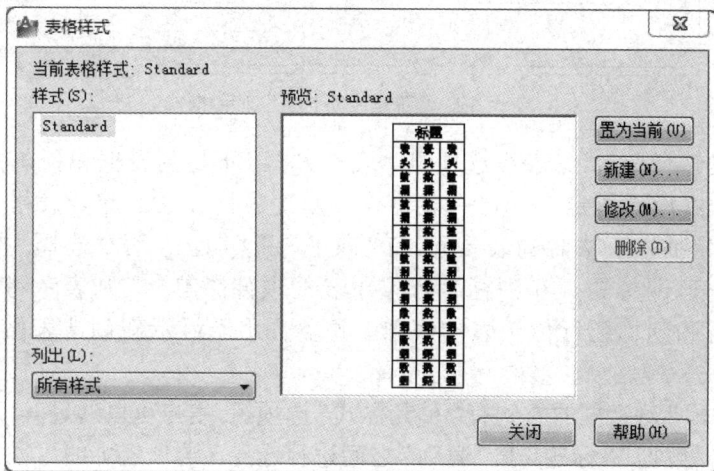

图 5-10 "表格样式"对话框

"置为当前"和"删除"按钮分别用于将在"样式"列表框中选中的表格样式设置为当前

样式、删除选中的表格样式,"新建"和"修改"按钮分别用于新建表格样式、修改已有的表格样式。

如果单击"表格样式"对话框中的"新建"按钮,AutoCAD 弹出"创建新的表格样式"对话框,如图 5-11 所示。

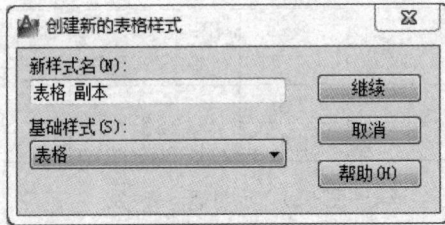

图 5-11 "创建新的表格样式"对话框

通过对话框中的"基础样式"下拉列表框选择基础样式,并在"新样式名"文本框中输入新样式的名称(如输入"表格一")后,单击"继续"按钮,AutoCAD 弹出"新建表格样式"对话框,如图 5-12 所示。

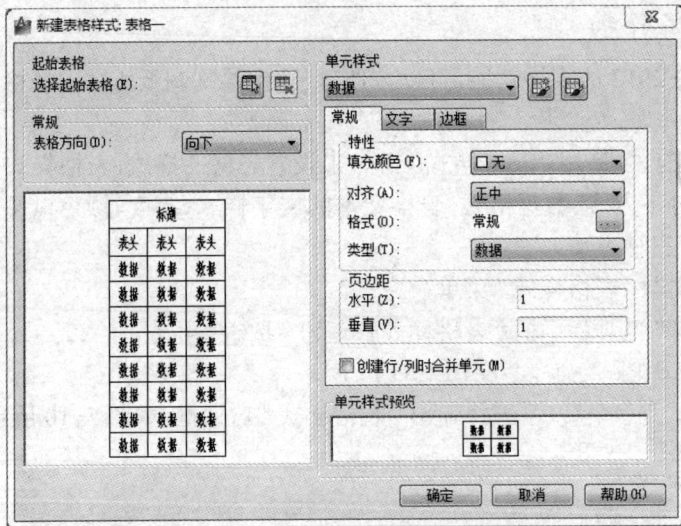

图 5-12 "新建表格样式"对话框

对话框中,左侧有"起始表格"选项组、"表格方向"下拉列表框和预览框三部分。其中,"起始表格"选项组用于指定一个已有表格作为新建表格样式的起始表格。"表格方向"下拉列表框用于确定插入表格时的表方向,有"向下"和"向上"两个选择。"向下"表示创建由上而下读取的表,即标题行和列标题行位于表的顶部;"向上"则表示将创建由下而上读取的表,即标题行和列标题行位于表的底部。预览框用于显示新创建表格样式的表格预览图像。

"新建表格样式"对话框的右侧有"单元样式"选项组,用户可以通过其下拉列表框确定要设置的对象,即在"数据""标题"和"表头"之间进行选择。选项组中的"常规""文字"和"边框"三个选项卡分别用于设置表格中的基本内容、文字和边框。

完成表格样式的设置后,单击"确定"按钮,AutoCAD 返回到"表格样式"对话框,并将新定义的样式显示在"样式"列表框中。单击该对话框中的"确定"按钮关闭对话框,完成新表格样式的定义。

二、创建表格

利用 AutoCAD 2012 的表格功能,可以方便、快速地绘制图纸所需的表格,如明细表、标题栏等。启用"创建表格"命令有三种方法:

(1)单击"注释"工具栏上的"表格"按钮▦;

(2)选择"绘图"|"表格"菜单命令;

(3)在命令窗口中输入命令"TABLE"。

执行"创建表格"命令后,AutoCAD 弹出"插入表格"对话框,如图 5-13 所示。

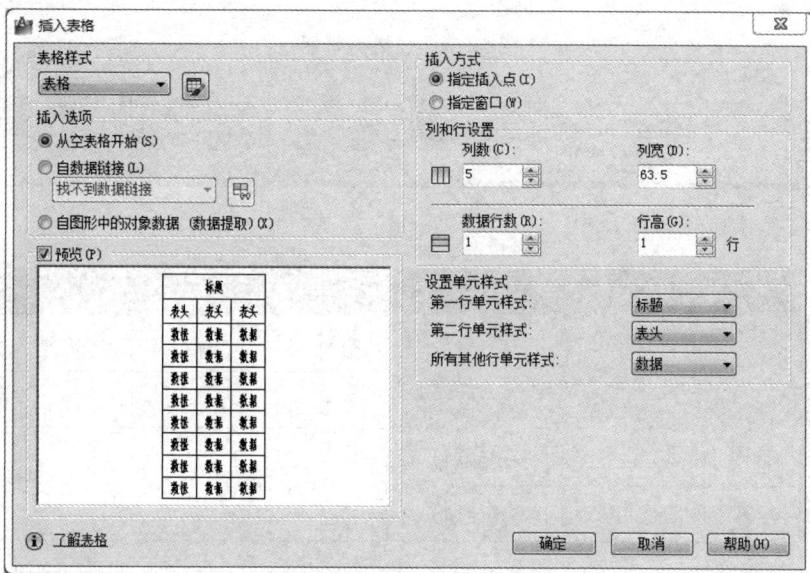

图 5-13 "插入表格"对话框

此对话框用于选择表格样式,设置表格的有关参数。各组成部分的含义如下:

◎"表格样式"选项组:用于选择所使用的表格样式。

◎"插入选项"选项组:用于确定如何为表格填写数据。

◎"预览"框:用于预览表格的样式。

◎"插入方式"选项组:用于设置将表格插入到图形时的插入方式。

◎"列和行设置"选项组:用于设置表格中的行数、列数以及行高和列宽。

◎"设置单元样式"选项组:用于设置第一行、第二行和其他行的单元样式。

通过"插入表格"对话框确定表格数据后,单击"确定"按钮,而后根据提示确定表格的位置,即可将表格插入到图形,且插入后 AutoCAD 弹出表格编辑器,如图 5-14 所示。确定表格格式后,进入表格内容编辑状态,可以在表格内输入文本内容,通过 Tab 键切换到同一行的下一个表单元,通过 Enter 键切换到同一列的下一个表单元,或通过方向键"↑""↓""←""→"在各表单元之间切换,为表格的其他单元输入内容,弹出文字编辑器,并将表格中的第一个单元格醒目显示,此时就可以在表格单元中输入文字,如图 5-15 所示。

图 5-14　表格编辑器

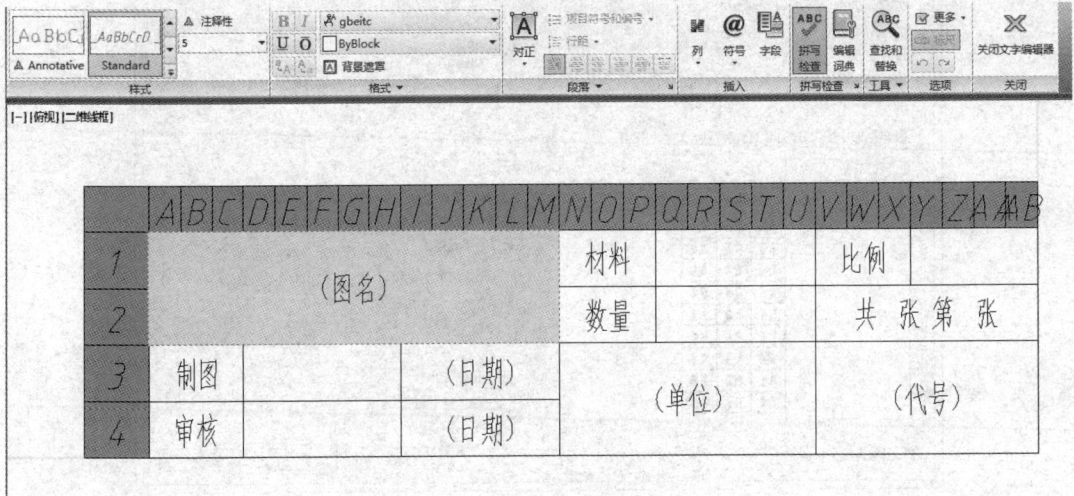

图 5-15　在表格单元中输入内容

通过在表格中插入公式,可以对表格单元执行求和、求均值等各种运算。编辑结束后,在表格外单击或者按 Esc 键退出表格编辑状态。

练习题 5-2

1. 绘制图 5-16 所示的标题栏。要求如下:

(1) 使用"标题栏"表格样式;

(2) 设置行数为 5,行高为 8,列数为 7,列宽尺寸如图 5-16 所示;

(3) 在"插入表格"对话框的"设置单元样式"选项组的下拉列表框中,全部选择"数据"类型;

(4) 合并相应的单元格;

(5) 输入相应的文字。

2. 绘制图 5-17 所示的明细栏。

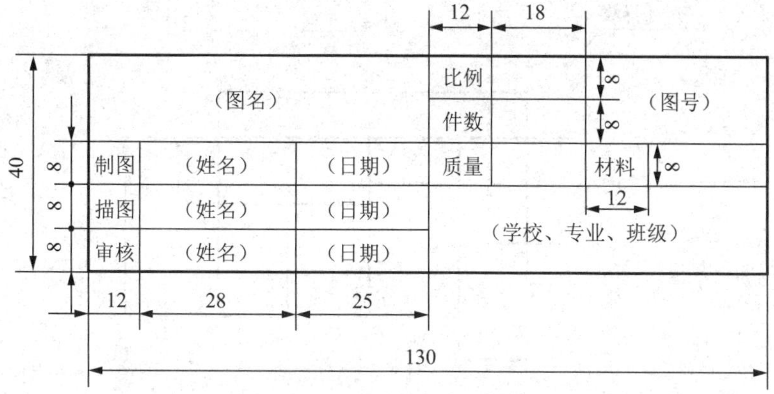

图 5-16 练习题 5-2（1）

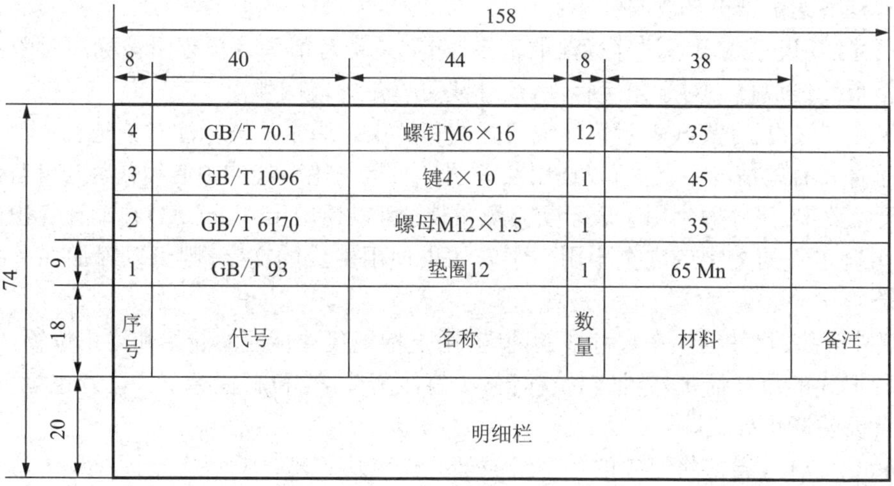

图 5-17 练习题 5-2（2）

情境三 设置尺寸标注样式

一、基本概念

尺寸标注是绘图过程中一项十分重要的内容,尺寸标注表达图形对象的真实大小以及各部分对象之间的相互位置关系。尺寸标注可以传达有关设计元素的尺寸信息,对制造工艺进行注解,可以让工程技术人员清楚地知道图形的尺寸大小,方便进行加工、制造和检查工作,施工人员也需要依据工程图中的图样尺寸来进行施工和生产。所以在绘图过程中必须准确、完整地标注尺寸。AutoCAD 2012 提供了一套完整的尺寸标注命令和实用程序,可以使用户方便地进行图形尺寸的标注。

AutoCAD 中,一个完整的尺寸标注一般由尺寸线、尺寸界线、尺寸数字（尺寸文字）和尺寸箭头 4 部分组成,如图 5-18 所示。

注意:这里的"箭头"是一个广义的概念,也可以用短划线、点或其他标记代替尺寸箭头。

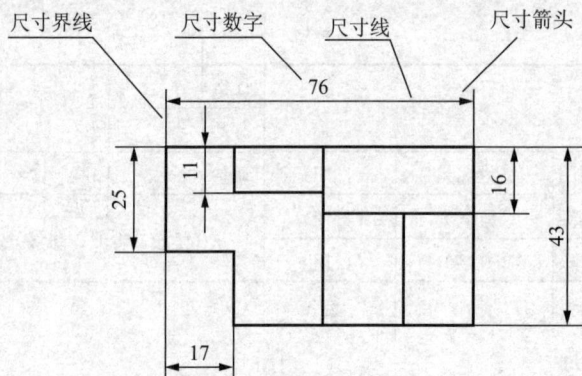

图 5-18　尺寸标注的组成

尺寸标注各组成部分的含义如下：

（1）尺寸线：尺寸线表示尺寸标注的范围，通常是带有箭头且平行于被标注对象的单线段。标注文字沿尺寸线放置。对于角度标注，尺寸线可以是一段圆弧。

（2）尺寸界线：尺寸界线表示尺寸线的开始和结束。通常从被标注对象延长至尺寸线，一般与尺寸线垂直。有些情况下，也可以选用某些图形对象的轮廓线或中心线代替尺寸界线。

（3）尺寸数字：尺寸数字用于表示实际测量值。可以使用由 AutoCAD 自动计算出的测量值，也可以使用自定义的文字或完全不用文字。如果使用生成的文字，则可以附加加 / 减公差、前缀和后缀。

（4）尺寸箭头：尺寸箭头在尺寸线的两端，用于标记尺寸标注的起始和终止位置。AutoCAD 提供了多种形式的尺寸箭头，包括建筑标记、小斜线箭头、点和斜杠标记。读者也可以根据绘图需要创建自己的箭头形式。

在 AutoCAD 中，通常将尺寸的各个组成部分作为块处理，因此，在绘图过程中，一个尺寸标注就是一个对象。

AutoCAD 2012 将尺寸标注分为线性标注、对齐标注、角度标注、半径标注、直径标注、弧长标注、坐标标注、基线标注、连续标注、引线标注、公差标注、中心标注、快速标注等多种类型。

（1）线性标注：线性标注用于标注两点间的直线距离。按尺寸线的放置可分为水平标注、垂直标注和旋转标注三个基本类型。

（2）对齐标注：对齐标注用于创建尺寸线平行于尺寸界线起点的线性标注。

（3）角度标注：角度标注用于标注角度。

（4）半径标注：半径标注用于标注圆和圆弧的半径。

（5）直径标注：直径标注用于标注圆和圆弧的直径。

（6）弧长标注：弧长标注用于标注圆弧的长度，它是 AutoCAD 2008 版本中新增的功能。

（7）坐标标注：使用坐标系中相互垂直的 X 和 Y 坐标轴作为参考线，依据参考线标注给定位置的 X 或者 Y 坐标值。

（8）基线标注：基线标注用于创建一系列的线性、角度或者坐标标注，每个标注都从相同原点测量出来。

（9）连续标注：连续标注用于创建一系列连续的线性、对齐、角度或者坐标标注，每个标注都是从前一个或者最后一个选定的标注的第二尺寸界线处创建，共享公共的尺寸界线。

（10）引线标注：引线标注用于创建注释和引线，将文字和对象在视觉上连接在一起。

（11）公差标注：公差标注用于创建形位公差标注。

（12）中心标注：中心标注用于创建圆心和中心线，指出圆或者圆弧的中心。

（13）快速标注：快速标注是通过一次选择多个对象，创建标注排列。例如基线、连续和坐标标注。

二、尺寸标注样式

尺寸标注样式（简称标注样式）用于设置尺寸标注的具体格式，如尺寸文字采用的样式，尺寸线、尺寸界线以及尺寸箭头的标注设置等，以满足不同行业或不同国家的尺寸标注要求。缺省情况下，在 AutoCAD 中创建尺寸标注时使用的尺寸标注样式是"ISO-25"，用户可以根据需要创建一种新的尺寸标注样式。AutoCAD 提供的"标注样式"命令即可用来创建尺寸标注样式。启用"标注样式"命令有三种方法：

（1）选择"格式"|"标注样式"菜单命令；

（2）单击"注释"工具栏中的"标注样式管理器"按钮 ；

（3）在命令窗口中输入命令"DIMSTYLE"。

执行"标注样式"命令后，AutoCAD 弹出图 5-19 所示的"标注样式管理器"对话框，从中可以创建或调用已有的尺寸标注样式。在创建新的尺寸标注样式时，用户需要设置尺寸标注样式的名称，并选择相应的属性。

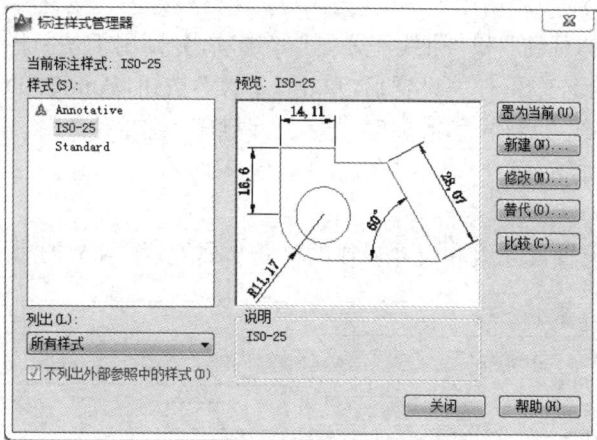

图 5-19 "标注样式管理器"对话框

"标注样式管理器"对话框中各选项的含义如下：

◎"当前标注样式"标签：显示出当前标注样式的名称。

◎"样式"列表框：显示当前图形文件中已定义的所有尺寸标注样式。

◎"列出"下拉列表框：用于控制在当前图形文件中是否全部显示所有的尺寸标注样式。

◎"预览"框：预览在"样式"列表框中所选中标注样式的各种特征参数的最终标注效果图。

◎"说明"标签框：用于显示在"样式"列表框中所选定标注样式的说明。

◎"置为当前"按钮：用于把指定的标注样式设置为当前标注样式。对每一种新建立的标注样式或对原样式进行修改后，均要设置为当前设置才有效。

◎"新建"按钮：用于创建新的标注样式。

◎"修改"按钮：用于修改已有标注样式中的某些尺寸变量。

◎"替代"按钮：用于创建临时的标注样式。当采用临时标注样式标注某一尺寸后，再继续采用原来的标注样式标注其他尺寸时,其标注效果不受临时标注样式的影响。

◎"比较"按钮:用于对两个标注样式进行比较,或了解某一样式的全部特性。

例题 5-1 新建"直径"标注样式。

◆操作步骤:

(1)单击"标注"或"注释"工具栏中的"标注样式管理器"按钮 ,在弹出的"标注样式管理器"对话框中单击"新建"按钮,AutoCAD 弹出图 5-20 所示的"创建新标注样式"对话框。

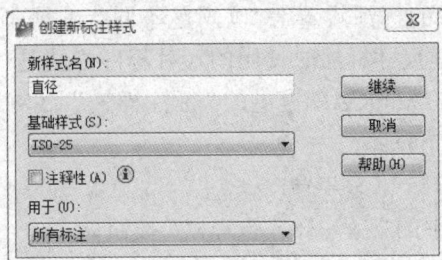

图 5-20 "创建新标注样式"对话框

(2)通过该对话框中的"新样式名"文本框指定新样式的名称为"直径";通过"基础样式"下拉列表框选择"ISO-25"创建新样式的基础样式;通过"用于"下拉列表框确定新建标注样式的适用范围为"所有标注"。"用于"下拉列表中有"所有标注""线性标注""角度标注""半径标注""直径标注""坐标标注"和"引线和公差"等选项,分别用于使新样式适用于对应的标注。

(3)确定新样式的名称和有关设置后,单击"继续"按钮,AutoCAD 弹出"新建标注样式"对话框。对话框中有"线""符号和箭头""文字""调整""主单位""换算单位"和"公差"7 个选项卡,各选项卡含义如下。

①"线"选项卡。

"线"选项卡用于设置尺寸线和尺寸界线的格式与属性,如图 5-21 所示。"线"选项卡中:

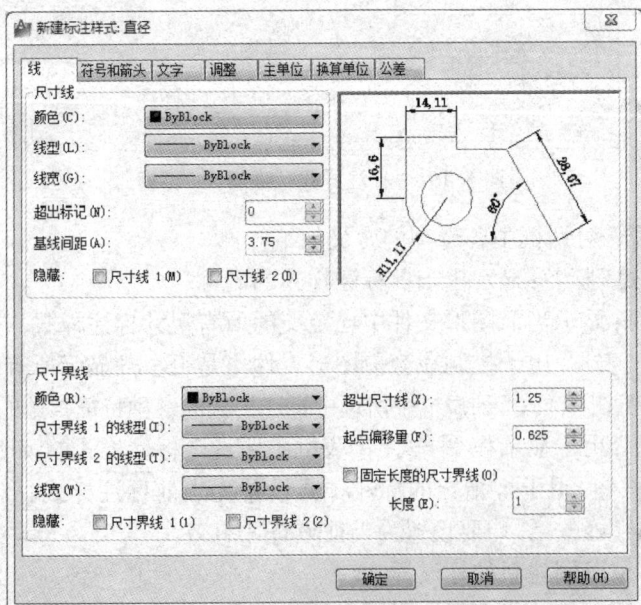

图 5-21 "新建标注样式"对话框的"线"选项卡

◎"尺寸线"选项组:用于设置尺寸线的样式。

◎"尺寸界线"选项组:用于设置尺寸界线的样式。

◎ 预览框:可根据当前的样式设置显示出对应的标注效果示例。

② "符号和箭头"选项卡。

"符号和箭头"选项卡用于设置箭头、圆心标记、折断标注、弧长符号以及半径折弯标注、线性折弯标注方面的格式,如图 5-22 所示。"符号和箭头"选项卡中:

◎"箭头"选项组:用于确定尺寸线两端的箭头样式。

◎"圆心标记"选项组:当对圆或圆弧执行标注圆心标记操作时,用于确定圆心标记的类型与大小。

◎"折断标注"选项组:用于尺寸线或延伸线与其他线重叠处打断尺寸线或延伸线时的标注设置。

◎"弧长符号"选项组:用于为圆弧标注长度尺寸时的设置。

◎"半径折弯标注"选项组:用于需标注尺寸的圆弧的中心点位于较远位置时的标注设置。

◎"线性折弯标注"选项组:用于线性折弯标注设置。

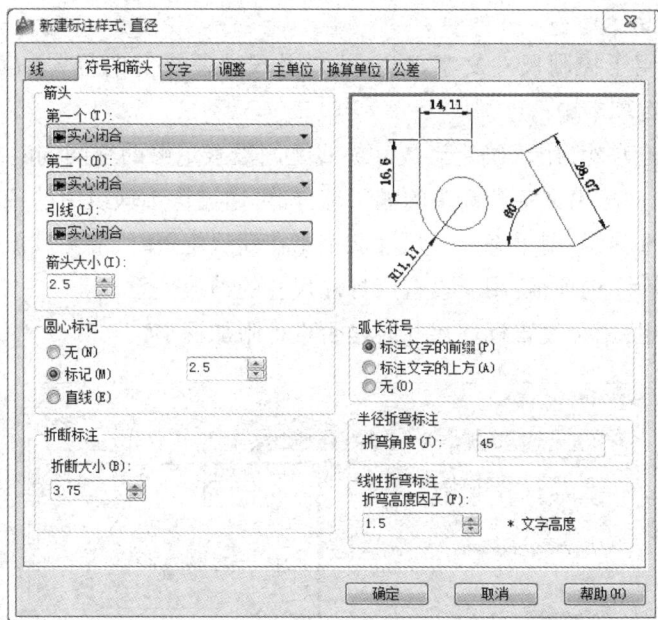

图 5-22 "新建标注样式"对话框的"符号和箭头"选项卡

③ "文字"选项卡。

"文字"选项卡用于设置尺寸文字的外观、位置以及对齐方式等,如图 5-23 所示。"文字"选项卡中:

◎"文字外观"选项组:用于设置尺寸文字的样式等。

◎"文字位置"选项组:用于设置尺寸文字的位置。

◎"文字对齐"选项组:用于确定尺寸文字的对齐方式。

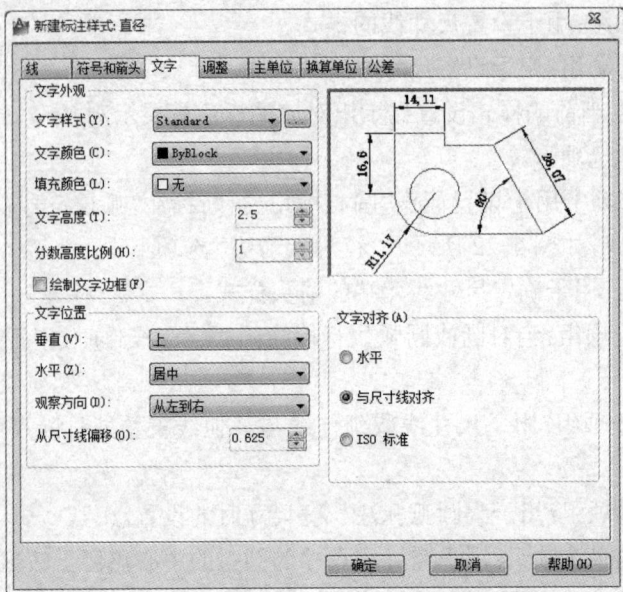

图 5-23 "新建标注样式"对话框的"文字"选项卡

④"调整"选项卡。

"调整"选项卡用于控制尺寸文字、尺寸线以及尺寸箭头等的位置和其他一些特征,如图 5-24 所示。"调整"选项卡中:

◎"调整选项"选项组:用于确定当尺寸界线之间没有足够的空间同时放置文字和箭头时,应首先从尺寸界线之间移出文字和箭头的哪一部分,可通过该选项组中的各单选项进行选择。

◎"文字位置"选项组:用于确定当尺寸文字不在默认位置时,应将其放在何处。

◎"标注特征比例"选项组:用于设置所标注尺寸的缩放关系。

◎"优化"选项组:用于设置标注尺寸时是否进行附加调整。

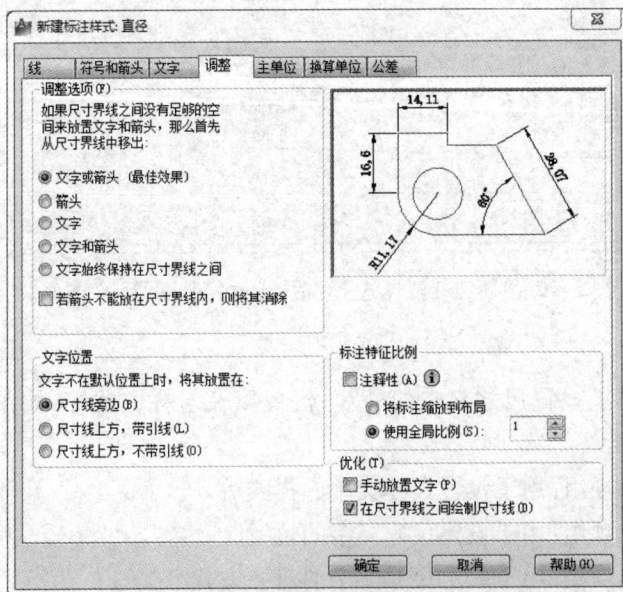

图 5-24 "新建标注样式"对话框的"调整"选项卡

⑤"主单位"选项卡。

此选项卡用于设置主单位的格式、精度以及尺寸文字的前缀和后缀,如图5-25所示。"主单位"选项卡中:

◎"线性标注"选项组:用于设置线性标注的格式与精度。

◎"角度标注"选项组:用于确定标注角度尺寸时的单位、精度以及是否消零。

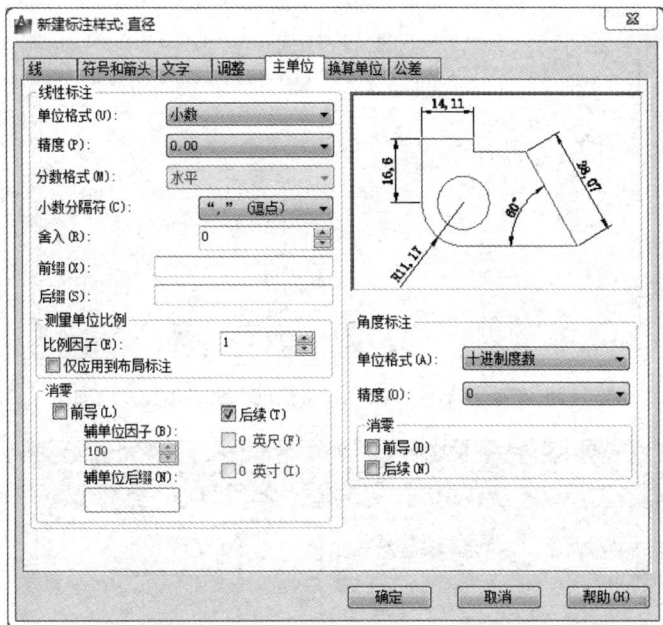

图5-25 "新建标注样式"对话框的"主单位"选项卡

⑥"换算单位"选项卡。

"换算单位"选项卡用于确定是否使用换算单位以及换算单位的格式,如图5-26所示。"换算单位"选项卡中:

◎"显示换算单位"复选框:用于确定是否在标注的尺寸中显示换算单位。

◎"换算单位"选项组:用于确定换算单位的单位格式、精度等。

◎"消零"选项组:用于确定是否消除换算单位的前导或后续零。

◎"位置"选项组:用于确定换算单位的位置。用户可在"主值后"与"主值下"之间进行选择。

⑦"公差"选项卡。

"公差"选项卡用于确定是否标注公差,若标注公差,以何种方式进行标注,如图5-27所示。"公差"选项卡中:

◎"公差格式"选项组:用于确定公差的标注格式。

◎"换算单位公差"选项组:用于确定当标注换算单位时换算单位公差的精度以及是否消零。

(4)利用"新建标注样式"对话框设置样式后,单击对话框中的"确定"按钮,完成样式的设置,AutoCAD返回到"标注样式管理器"对话框,单击对话框中的"关闭"按钮关闭对话框,完成尺寸标注样式的设置。

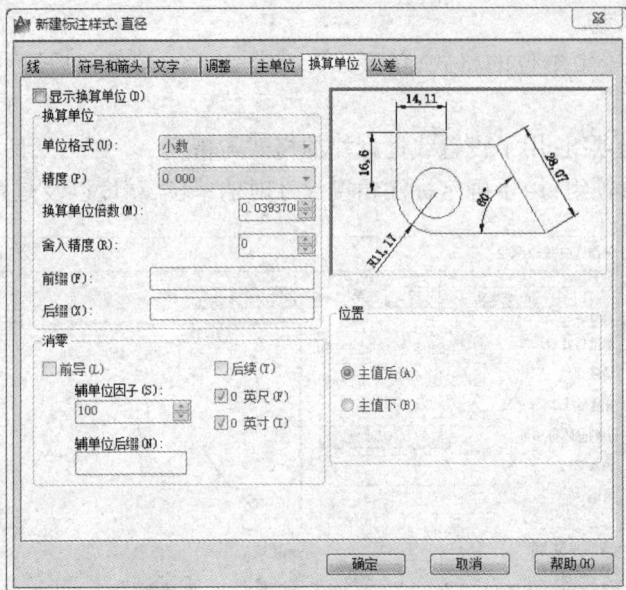

图 5-26 "新建标注样式"对话框的"换算单位"选项卡

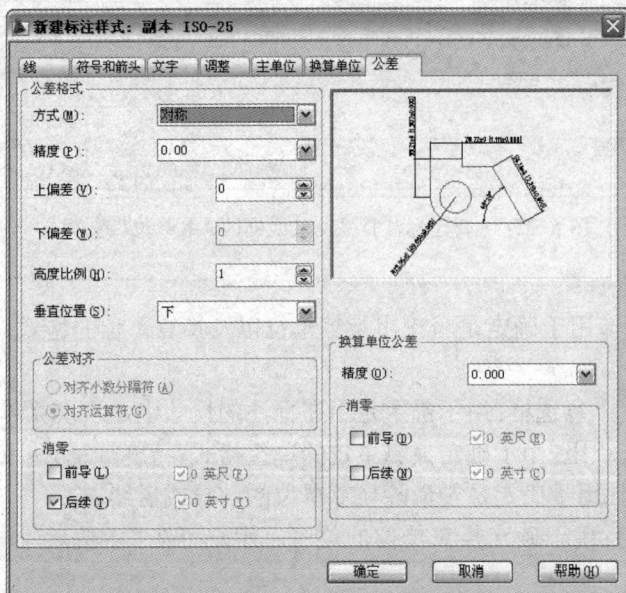

图 5-27 "新建标注样式"对话框的"公差"选项卡

情境四 标注尺寸

一、标注命令

设定好尺寸标注样式后,即可采用设定好的标注样式进行尺寸标注。按照标注尺寸的类型,可以将尺寸标注分成角度标注、半径标注、直径标注、引线标注、圆心标记等;按照标注的方式,可以将尺寸标注分成线性标注、对齐标注、连续标注、基线标注等。下面介绍常见标注命令。

1. 线性标注

线性标注是指标注图形对象在水平方向、垂直方向或指定方向的尺寸，又分为水平标注、垂直标注和旋转标注三种类型。水平标注用于标注对象在水平方向的尺寸，即尺寸线沿水平方向放置；垂直标注用于标注对象在垂直方向的尺寸，即尺寸线沿垂直方向放置；旋转标注则标注对象沿指定方向的尺寸。启用"线性标注"命令有以下三种方法：

（1）选择"标注"|"线性"菜单命令；

（2）单击"标注"或"注释"工具栏中的"线性"按钮╠；

（3）在命令窗口中输入命令"DIMLINEAR"。

执行"线性标注"命令后，AutoCAD 提示：

指定第一条尺寸界线原点或<选择对象>：

在此提示下用户有两种选择，即确定一点作为第一条尺寸界线的起始点或直接按 Enter 键选择对象。

（1）"指定第一条尺寸界线原点"选项。

如果在"指定第一条尺寸界线原点或<选择对象>："提示下指定第一条尺寸界线的起始点，即执行"指定第一尺寸界线原点"选项，AutoCAD 提示：

指定第二条尺寸界线原点：（确定另一条尺寸界线的起始点位置）

指定尺寸线位置或［多行文字（M）/文字（T）/角度（A）/水平（H）/垂直（V）/旋转（R）］：

其中："指定尺寸线位置"选项用于确定尺寸线的位置。通过拖动鼠标的方式确定尺寸线的位置后，单击拾取键，AutoCAD 根据自动测量出的两尺寸界线起始点间的对应距离值标注出尺寸。"多行文字"选项用于根据文字编辑器输入尺寸文字，"文字"选项用于输入尺寸文字，"角度"选项用于确定尺寸文字的旋转角度，"水平"选项用于水平标注，"垂直"选项用于垂直标注，"旋转"选项用于旋转标注。

（2）"选择对象"选项。

如果在"指定第一条尺寸界线原点或<选择对象>："提示下直接按 Enter 键，即执行"选择对象"选项，AutoCAD 提示：

选择标注对象：

此提示要求用户选择要标注尺寸的对象。用户选择后，AutoCAD 将该对象的两端点作为两条尺寸界线的起始点，并提示：

指定尺寸线位置或［多行文字（M）/文字（T）/角度（A）/水平（H）/垂直（V）/旋转（R）］：

在此提示下的操作与前面介绍的操作相同。

2. 对齐标注

对齐标注是指所标注尺寸的尺寸线与两条尺寸界线起始点间的连线平行。启用"对齐标注"命令有三种方法：

（1）选择"标注"|"对齐"菜单命令；

（2）单击"标注"或"注释"工具栏中的"对齐"按钮╲；

（3）在命令窗口中输入命令"DIMALIGNED"。

执行"对齐标注"命令后，AutoCAD 提示：

指定第一条尺寸界线原点或<选择对象>

在此提示下的操作与线性标注类似。

3. 角度标注

启用"角度标注"命令有三种方法：

（1）选择"标注"|"角度"菜单命令；

（2）单击"标注"或"注释"工具栏中的"角度"按钮 △；

（3）在命令窗口中输入命令"DIMANGULAR"。

执行"角度标注"命令后，AutoCAD 提示：

选择圆弧、圆、直线或＜指定顶点＞：

其中，圆或圆弧的角度标注方法是，在圆或圆弧上单击，选中圆或圆弧的同时，确定角度的顶点位置，再单击确定角度的第二端点，在圆或圆弧上测量出角度的大小。

4. 直径标注

直径标注是指为圆或圆弧标注直径尺寸。启用"直径标注"命令有三种方法：

（1）选择"标注"|"直径"菜单命令；

（2）单击"标注"或"注释"工具栏中的"直径"按钮 ◎；

（3）在命令窗口中输入命令"DIMDIAMETER"。

执行"直径标注"命令后，AutoCAD 提示：

选择圆弧或圆：（选择要标注直径的圆或圆弧）

指定尺寸线位置或 [多行文字（M）/ 文字（T）/ 角度（A）]：

如果在该提示下直接确定尺寸线的位置，则 AutoCAD 按实际测量值标注出圆或圆弧的直径。也可以通过"多行文字""文字"以及"角度"选项确定尺寸文字和尺寸文字的旋转角度。

5. 半径标注

半径标注是指为圆或圆弧标注半径尺寸。启用"半径标注"命令有三种方法：

（1）选择"标注"|"半径"菜单命令；

（2）单击"标注"或"注释"工具栏中的"半径"按钮 ◎；

（3）在命令窗口中输入命令"DIMRADIUS"。

执行"半径标注"命令后，AutoCAD 提示：

选择圆弧或圆：（选择要标注半径的圆弧或圆）

指定尺寸线位置或 [多行文字（M）/ 文字（T）/ 角度（A）]：

用户根据需要选择即可。

6. 弧长标注

弧长标注是指为圆弧标注长度尺寸。启用"弧长标注"命令有三种方法：

（1）选择"标注"|"弧长"菜单命令；

（2）单击"标注"或"注释"工具栏中的"弧长"按钮 ；

（3）在命令窗口中输入命令"DIMARC"。

执行"弧长标注"命令后，AutoCAD 提示：

选择弧线段或多段线弧线段：（选择圆弧段）

指定弧长标注位置或 [多行文字（M）/ 文字（T）/ 角度（A）/ 部分（P）/ 引线（L）]：

用户根据需要选择即可。

7. 折弯标注

折弯标注是指为圆或圆弧创建折弯标注。启用"折弯标注"命令有三种方法：

（1）选择"标注"|"折弯"菜单命令；

（2）单击"标注"或"注释"工具栏中的"折弯"按钮 ；

（3）在命令窗口中输入命令"DIMJOGGED"。

执行"折弯标注"命令后，AutoCAD 提示：

选择圆弧或圆:（选择要标注尺寸的圆弧或圆）

指定中心位置替代:（指定折弯半径标注的新中心点，以替代圆弧或圆的实际中心点）

指定尺寸线位置或 [多行文字（M）/ 文字（T）/ 角度（A）]:（确定尺寸线的位置，或进行其他设置）

指定折弯位置:（指定折弯位置）

8. 连续标注

连续标注是指在标注出的尺寸中，相邻两尺寸线共用同一条尺寸界线，如图 5-28 所示。启用"连续标注"命令有三种方法：

（1）选择"标注"|"连续"菜单命令；

（2）单击"标注"工具栏中的"连续"按钮 ；

（3）在命令窗口中输入命令"DIMCONTINUE"。

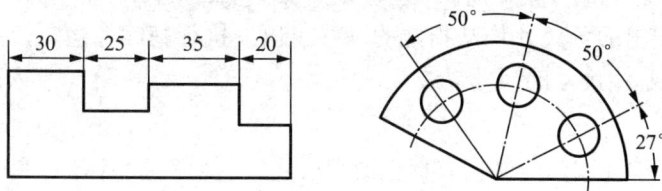

图 5-28　连续标注实例

执行"连续标注"命令后，AutoCAD 提示：

指定第二条尺寸界线原点或 [放弃（U）/ 选择（S）] <选择>:

（1）"指定第二条尺寸界线原点"选项。

该选项用于确定下一个尺寸的第二条尺寸界线的起始点。用户响应后，AutoCAD 按连续标注方式标注出尺寸，即把上一个尺寸的第二条尺寸界线作为新尺寸标注的第一条尺寸界线标注尺寸，而后 AutoCAD 继续提示：

指定第二条尺寸界线原点或 [放弃（U）/ 选择（S）] <选择>:

此时可再确定下一个尺寸的第二条尺寸界线的起点位置。当用此方式标注出全部尺寸后，在上述同样的提示下按 Enter 键或 Space 键，结束命令的执行。

（2）"选择"选项。

该选项用于指定连续标注将从哪一个尺寸的尺寸界线引出。执行该选项，AutoCAD 提示：

选择连续标注:

在该提示下选择尺寸界线后，AutoCAD 会继续提示：

指定第二条尺寸界线原点或 [放弃（U）/ 选择（S）] <选择>:

在该提示下标注出的下一个尺寸会以指定的尺寸界线作为其第一条尺寸界线。执行连续标注时，有时需要先执行"选择"选项来指定引出连续尺寸的尺寸界线。

9. 基线标注

基线标注是指各尺寸线从同一条尺寸界线处引出。启用"基线标注"命令有三种方法：

（1）选择"标注"|"基线"菜单命令；

（2）单击"标注"工具栏中的"基线"按钮 ⊟ ；

（3）在命令窗口中输入命令"DIMBASELINE"。

执行"基线标注"命令后，AutoCAD 提示：

指定第二条尺寸界线原点或 [放弃（U）/选择（S）] ＜选择＞：

（1）"指定第二条尺寸界线原点"选项。

确定下一个尺寸的第二条尺寸界线的起始点。确定后 AutoCAD 按基线标注方式标注出尺寸，而后继续提示：

指定第二条尺寸界线原点或 [放弃（U）/选择（S）] ＜选择＞：

此时可再确定下一个尺寸的第二条尺寸界线起点位置。用此方式标注出全部尺寸后，在同样的提示下按 Enter 键或 Space 键，结束命令的执行。

（2）"选择"选项。

该选项用于指定基线标注时作为基线的尺寸界线。执行该选项，AutoCAD 提示：

选择基准标注：

在该提示下选择尺寸界线后，AutoCAD 继续提示：

指定第二条尺寸界线原点或 [放弃（U）/选择（S）] ＜选择＞：

在该提示下标注出的各尺寸均从指定的基线引出。执行基线标注时，有时需要先执行"选择"选项来指定引出基线尺寸的尺寸界线。

10. 圆心标记

圆心标记是指为圆或圆弧绘制圆心标记或中心线。启用"圆心标记"命令有三种方法：

（1）选择"标注"|"圆心标记"菜单命令；

（2）单击"标注"工具栏中的"圆心标记"按钮 ⊕ ；

（3）在命令窗口中输入命令"DIMCENTER"。

执行"圆心标记"命令后，AutoCAD 提示：

选择圆弧或圆：

在该提示下选择圆弧或圆即可。

11. 多重引线标注

利用多重引线标注，用户可以标注（标记）注释、说明等。

（1）设置多重引线样式。

用户可以设置多重引线的样式。启用"多重引线样式"命令有三种方法：

① 选择"格式"|"多重引线样式"菜单命令；

② 单击"标注"或"注释"工具栏中的"多重引线样式"按钮 ⌐⌐ ；

③ 在命令窗口中输入命令"MLEADERSTYLE"。

执行"多重引线样式"命令后，AutoCAD 打开"多重引线样式管理器"对话框，如图 5-29 所示。

对话框中各选项的含义如下：

◎ "当前多重引线样式"标签：用于显示当前多重引线样式的名称。

◎"样式"列表框:用于列出已有的多重引线样式的名称。

◎"列出"下拉列表框:用于确定要在"样式"列表框中列出哪些多重引线样式。

◎"预览"框:用于预览在"样式"列表框中所选中的多重引线样式的标注效果。

◎"置为当前"按钮:用于将指定的多重引线样式设为当前样式。

◎"新建"按钮:用于创建新多重引线样式。单击"新建"按钮,AutoCAD 打开图 5-30 所示的"创建新多重引线样式"对话框。

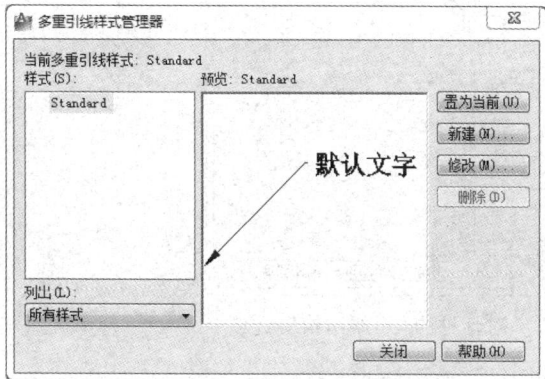

图 5-29 "多重引线样式管理器"对话框   图 5-30 "创建新多重引线样式"对话框

用户可以通过对话框中的"新样式名"文本框指定新样式的名称,通过"基础样式"下拉列表框确定创建新样式的基础样式。确定新样式的名称和相关设置后,单击"继续"按钮,AutoCAD 打开"修改多重引线样式"对话框。

该对话框中有"引线格式""引线结构"和"内容" 3 个选项卡,下面分别介绍这些选项卡。

①"引线格式"选项卡用于设置多重引线的格式,如图 5-31 所示。

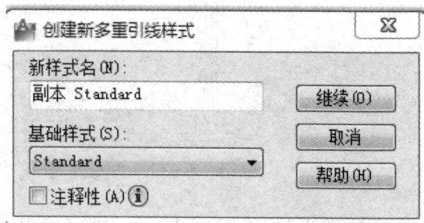

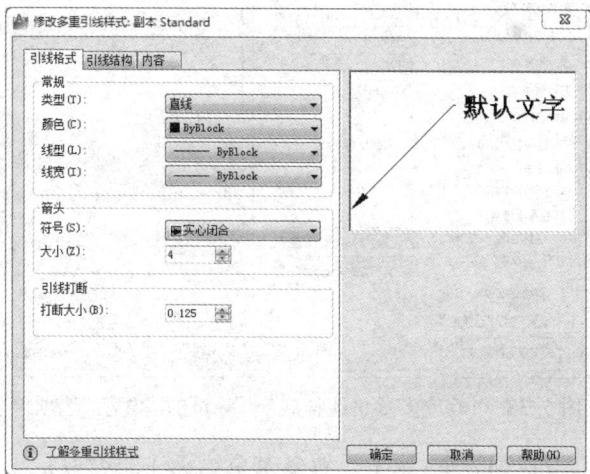

图 5-31 "修改多重引线样式"对话框的"引线格式"选项卡

◎"常规"选项组:用于设置多重引线的外观。

◎"箭头"选项组:用于设置箭头的样式与大小。

◎"引线打断"选项组:用于设置多重引线打断时的距离值。

◎ 预览框:用于预览对应的多重引线样式。

②"引线结构"选项卡用于设置多重引线的结构,如图 5-32 所示。

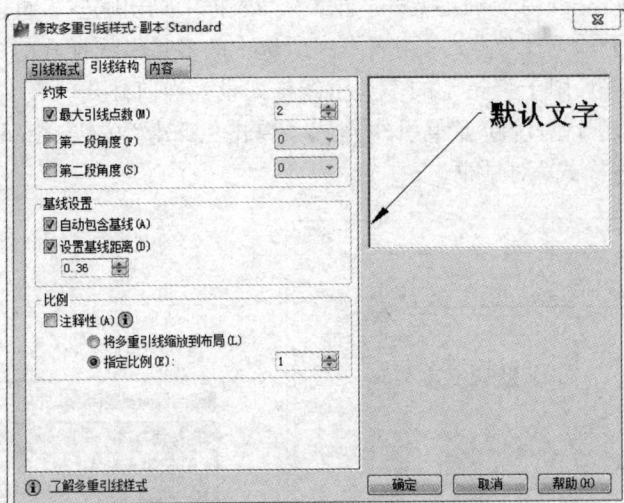

图 5-32 "修改多重引线样式"对话框的"引线结构"选项卡

◎"约束"选项组:用于控制多重引线的结构。

◎"基线设置"选项组:用于设置多重引线中的基线。

◎"比例"选项组:用于设置多重引线标注的缩放关系。

③"内容"选项卡用于设置多重引线标注的内容,如图 5-33 所示。

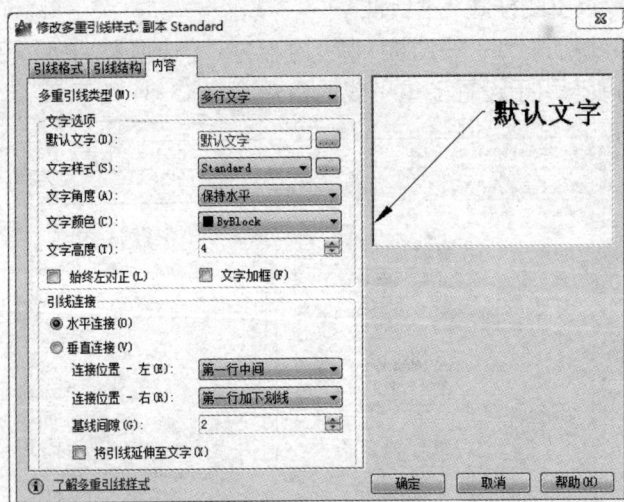

图 5-33 "修改多重引线样式"对话框的"内容"选项卡

◎"多重引线类型"下拉列表框:用于设置多重引线标注的类型。

◎"文字选项"选项组:用于设置多重引线标注的文字内容。

◎"引线连接"选项组:一般用于设置标注出的对象沿垂直方向相对于引线基线的位置。

(2)标注方法。

引线标注通常用于为图形标注倒角、零件编号、形位公差等,在 AutoCAD 中,可使用多重引线标注创建引线标注。启用"多重引线标注"命令有三种方法:

① 选择"标注"|"多重引线"菜单命令;

② 单击"标注"或"注释"工具栏中的"多重引线"按钮 ;

③ 在命令窗口中输入命令"MLEADER"。

执行"多重引线"命令后,AutoCAD 提示:

指定引线箭头的位置或 [引线基线优先(L) / 内容优先(C) / 选项(O)] ＜选项＞:

其中:"指定引线箭头的位置"选项用于确定引线的箭头位置。"引线基线优先"和"内容优先"选项分别用于确定将首先确定引线基线的位置还是首先确定标注内容,用户根据需要选择即可。"选项"选项用于多重引线标注的设置。

执行"选项"选项,AutoCAD 提示:

输入选项 [引线类型(L) / 引线基线(A) / 内容类型(C) / 最大节点数(M) / 第一个角度(F) / 第二个角度(S) / 退出选项(X)] ＜内容类型＞:

其中,"引线类型"选项用于确定引线的类型,"引线基线"选项用于确定是否使用基线,"内容类型"选项用于确定多重引线标注的内容(多行文字、块或无),"最大节点数"选项用于确定引线端点的最大数量,"第一个角度"和"第二个角度"选项用于确定前两段引线的方向角度。

在"指定引线箭头的位置"选项确定后,AutoCAD 提示:

指定引线基线的位置:

在 AutoCAD 提示下依次指定各点位置,然后按 Enter 键,AutoCAD 弹出文字编辑器,如图 5-34 所示。

通过文字编辑器输入对应的多行文字后,单击"文字格式"工具栏上的"确定"按钮,即可完成引线标注。

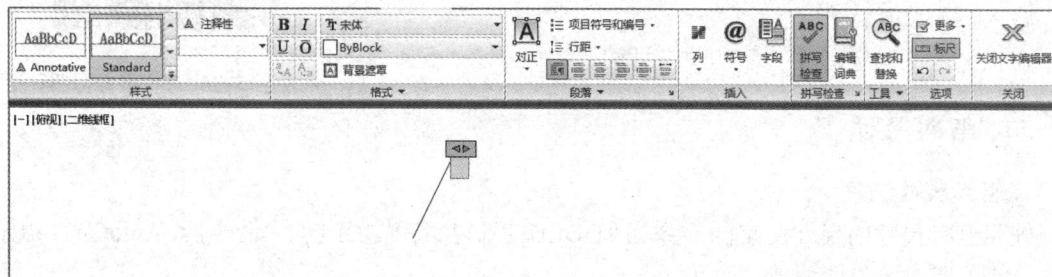

图 5-34　引线文字编辑器

二、标注尺寸公差与形位公差

1. 标注尺寸公差

AutoCAD 2012 提供了标注尺寸公差的多种方法。例如,利用前面介绍过的"新建标注样式"对话框的"公差"选项卡,用户可以通过其中的"公差格式"选项组确定公差的标注格式,确定以何种方式标注公差以及设置尺寸公差的精度、上偏差和下偏差等。通过此选项卡进行设置后再标注尺寸,就可以标注出对应的公差。

此外,标注尺寸时通过在位文字编辑器也可以方便地输入公差。

2. 标注形位公差

利用 AutoCAD 2012,用户可以方便地为图形标注形位公差。启用"公差标注"命令有三种方法:

(1)选择"标注"|"公差"菜单命令;

（2）单击"标注"工具栏中的"公差"按钮 ⊞；

（3）在命令窗口中输入命令"TOLERANCE"。

执行"公差标注"命令后，AutoCAD 弹出图 5-35 所示的"形位公差"对话框。

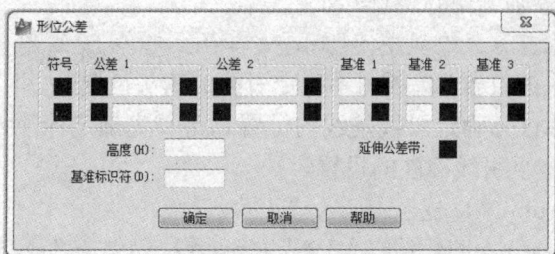

图 5-35 "形位公差"对话框

其中，"符号"选项组用于确定形位公差的符号。单击其中的小黑方框，AutoCAD 弹出图 5-36 所示的"特征符号"对话框。用户可从该对话框中选择所需要的符号。单击某一符号，AutoCAD 返回到"形位公差"对话框，并在对应位置显示出该符号。

"公差 1""公差 2"选项组用于确定公差。用户应在对应的文本框中输入公差值。此外，通过单击位于文本框前边的小方框可确定是否在该公差值前加直径符号；单击位于文本框后边的小方框，可从弹出的"包容条件"对话框中确定包容条件。"基准 1""基准 2""基准 3"选项组用于确定基准和对应的包容条件。

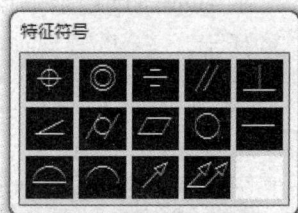

图 5-36 "特征符号"对话框

通过"形位公差"对话框确定要标注的内容后，单击对话框中的"确定"按钮，AutoCAD 切换到绘图窗口，并提示：

输入公差位置：

在该提示下确定标注公差的位置即可。

三、编辑尺寸

1. 编辑尺寸文字

编辑已有尺寸的尺寸文字的命令为"DDEDIT"。执行"DDEDIT"命令后，AutoCAD 提示：

选择注释对象或［放弃（U）］：

在该提示下选择尺寸，AutoCAD 弹出"文字格式"工具栏，并将所选择尺寸的尺寸文字设置为编辑状态，用户可直接对其进行修改，如修改尺寸值、修改或添加公差等。

2. 编辑标注文字

"编辑标注文字"命令用于编辑已标注文字和更改尺寸界线角度。启用"编辑标注文字"命令有两种方法：

（1）单击"标注"工具栏中的"编辑标注文字"按钮 🅰；

（2）在命令窗口中输入命令"DIMTEDIT"。

执行"编辑标注文字"命令后，AutoCAD 提示：

选择标注：（选择尺寸）

指定标注文字的新位置或［左（L）/右（R）/中心（C）/默认（H）/角度（A）］：

提示中："指定标注文字的新位置"选项用于确定尺寸文字的新位置，通过鼠标将尺寸文字拖动到新位置后单击拾取键即可；"左"和"右"选项仅对非角度标注起作用，它们分别决定尺寸文字是沿尺寸线左对齐还是右对齐;"中心"选项可将尺寸文字放在尺寸线的中间;"默认"选项将按默认位置、方向放置尺寸文字;"角度"选项可以使尺寸文字旋转指定的角度。

3. 编辑标注

"编辑标注"命令用于编辑已有标注。启用"编辑标注"命令有两种方法:

(1)单击"标注"工具栏中的"编辑标注"按钮 ；

(2)在命令窗口中输入命令"DIMEDIT"。

执行"编辑标注"命令后,AutoCAD 提示:

输入标注编辑类型［默认（H）/ 新建（N）/ 旋转（R）/ 倾斜（O）］＜默认＞:

其中,"默认"选项会按默认位置和方向放置尺寸文字,"新建"选项用于修改尺寸文字,"旋转"选项可将尺寸文字旋转指定的角度,"倾斜"选项可使非角度标注的尺寸界线旋转一定角度。

4. 等距标注

等距标注可以调整平行尺寸线之间的距离。启用"等距标注"命令有三种方法:

(1)选择"标注"|"等距标注"菜单命令;

(2)单击"标注"工具栏中的"等距标注"按钮 ；

(3)在命令窗口中输入命令"DIMSPACE"。

执行"等距标注"命令后,AutoCAD 提示:

选择基准标注:(选择作为基准的尺寸)

选择要产生间距的标注:(依次选择要调整间距的尺寸)

选择要产生间距的标注:↙

输入值或［自动（A）］＜自动＞:

如果输入距离值后按 Enter 键,AutoCAD 会调整各尺寸线的位置,使它们之间的距离值为指定的值。如果直接按 Enter 键,AutoCAD 会自动调整尺寸线的位置。

5. 折弯线性

折弯线性是指在线性标注或者对齐标注上添加或者删除折弯线。启用"折弯线性"命令有三种方法:

(1)选择"标注"|"折弯线性"菜单命令;

(2)单击"标注"工具栏中的"折弯线性"按钮 ；

(3)在命令窗口中输入命令"DIMJOGLINE"。

执行"折弯线性"命令后,AutoCAD 提示:

选择要添加折弯的标注或［删除（R）］:(选择要添加折弯的尺寸。"删除"选项用于删除已有的折弯符号)

指定折弯位置(或按 Enter 键):

通过拖动鼠标的方式确定折弯的位置。

6. 折断标注

折断标注是指在标注或延伸线与其他对象交叉处折断或恢复标注和延伸线,可以将折断标注添加到线性标注、角度标注和坐标标注等。启用"折断标注"命令有三种方法:

(1)选择"标注"|"折断标注"菜单命令;

(2)单击"标注"工具栏中的"折断标注"按钮 ；

(3)在命令窗口中输入命令"DIMBREAK"。

执行"折断标注"命令后,AutoCAD 提示:

选择标注或[多个(M)]:(选择尺寸。可通过"多个"选项选择多个尺寸)

选择要打断标注的对象或[自动(A)/恢复(R)/手动(M)]＜自动＞:

用户根据提示操作即可。

四、参数化绘图

AutoCAD 2012 新增了参数化绘图功能。利用该功能,当改变图形的尺寸参数后,图形会自动发生相应的变化。

1. 几何约束

几何约束是指在对象之间建立一定的约束关系。启用"几何约束"命令有三种方法:

(1)选择"参数"|"几何约束"菜单命令;

(2)单击"几何约束"工具栏中的各个按钮;

(3)在命令窗口中输入命令"GEOMCONSTRAINT"。

执行"几何约束"命令后,AutoCAD 提示:

输入约束类型[水平(H)/竖直(V)/垂直(P)/平行(PA)/相切(T)/平滑(SM)/重合(C)/同心(CON)/共线(COL)/对称(S)/相等(E)/固定(F)]＜平滑＞:

此提示要求用户指定约束的类型并建立约束。其中各选项的含义为:

◎"水平"选项:用于将指定的直线对象约束成与当前坐标系的 X 轴平行。

◎"竖直"选项:用于将指定的直线对象约束成与当前坐标系的 Y 轴平行。

◎"垂直"选项:用于将指定的一条直线约束成与另一条直线保持垂直关系。

◎"平行"选项:用于将指定的一条直线约束成与另一条直线保持平行关系。

◎"相切"选项:用于将指定的一个对象与另一条对象约束成相切关系。

◎"平滑"选项:用于在共享同一端点的两条样条曲线之间建立平滑约束。

◎"重合"选项:用于使两个点或一个对象与一个点之间保持重合。

◎"同心"选项:用于使一个圆、圆弧或椭圆与另一个圆、圆弧或椭圆保持同心。

◎"共线"选项:用于使一条或多条直线段与另一条直线段保持共线,即位于同一直线上。

◎"对称"选项:用于约束直线段或圆弧上的两个点,使其以选定直线为对称轴彼此对称。

◎"相等"选项:用于使选择的圆弧或圆有相同的半径,或使选择的直线段有相同的长度。

◎"固定"选项:用于约束一个点或曲线,使其相对于坐标系固定在特定的位置和方向。

2. 标注约束

标注约束是指约束对象上两个点或不同对象上两个点之间的距离。启用"标注约束"命令有三种方法:

(1)选择"参数"|"标注约束"菜单命令;

(2)单击"标注约束"工具栏中的各个按钮;

(3)在命令窗口中输入命令"DIMCONSTRAINT"。

执行"标注约束"命令,AutoCAD 提示:

当前设置:约束形式＝动态

输入标注约束选项[线性(L)/水平(H)/竖直(V)/对齐(A)/角度(AN)/半径(R)/直径(D)/形式(F)/转换(C)]＜对齐＞:

其中各选项的含义为:

◎"线性"选项:用于约束两个点之间的水平或竖直距离。

◎"水平"选项:用于约束对象上两个点之间或不同对象上两个点之间 X 方向的距离。

◎"竖直"选项:用于约束对象上两个点之间或不同对象上两个点之间 Y 方向的距离。

◎"对齐"选项:用于约束对象上两个点之间或不同对象上两个点之间任意方向的距离。

◎"角度"选项:用于约束直线段或多段线之间的角度、由圆弧或多段线圆弧段扫掠得到的角度或对象上三个点之间的角度。

◎"半径"选项:用于约束圆或圆弧的半径。

◎"直径"选项:用于约束圆或圆弧的直径。

◎"形式"选项:用于设置约束形式是注释性(A)还是动态(D)。

◎"转换"选项:用于将标注转换为标注约束。

练习题5-3

1. 绘制图5-37所示的图形,并标注尺寸。

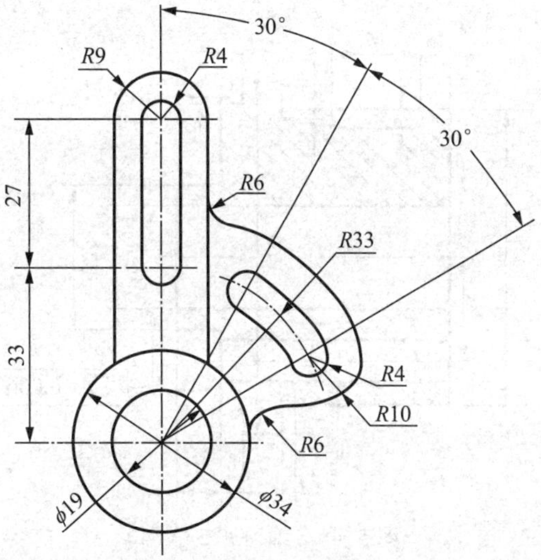

图 5-37　练习题 5-3(1)

2. 绘制图5-38所示的图形,并标注尺寸。

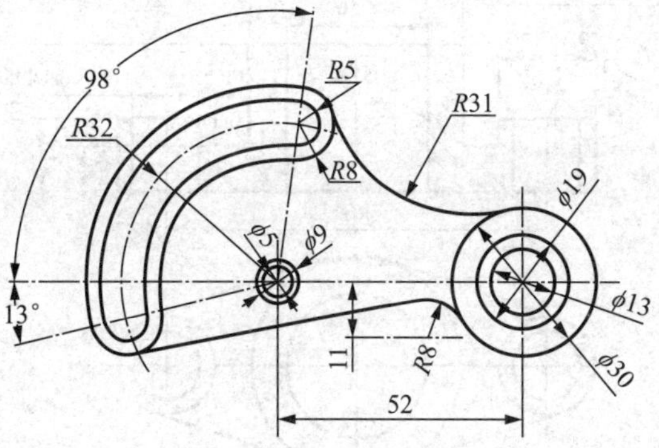

图 5-38　练习题 5-3(2)

3. 绘制图5-39所示的图形,并标注尺寸。

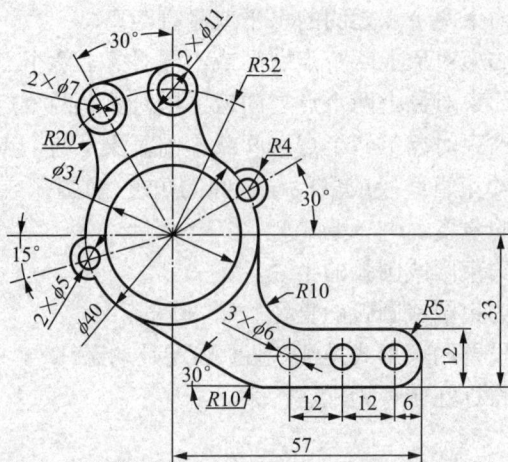

图 5-39 练习题 5-3(3)

4. 绘制图 5-40 所示的图形,并标注尺寸。

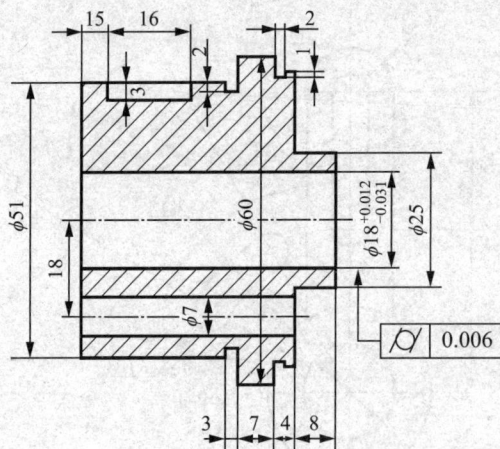

图 5-40 练习题 5-3(4)

5. 利用图块的属性绘制图 5-41 所示的图形,注写文字并标注尺寸。

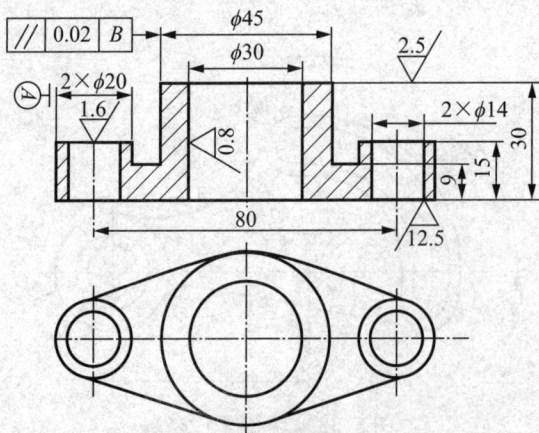

图 5-41 练习题 5-3(5)

6. 利用图块的属性绘制图 5-42 所示的图形,注写文字并标注尺寸。

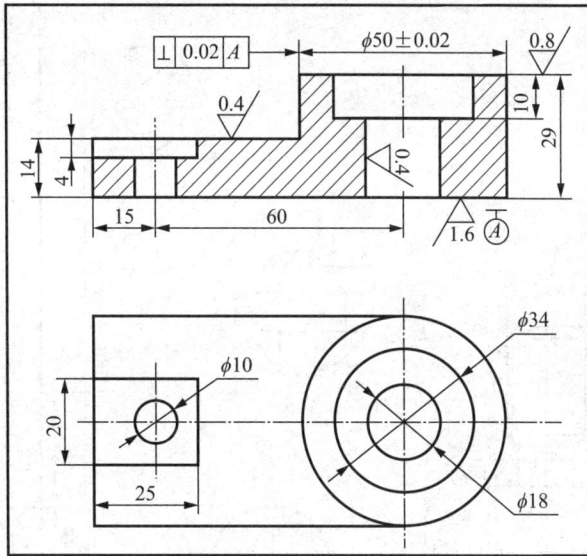

图 5-42 练习题 5-3(6)

7. 绘制图 5-43 所示的零件图,注写文字并标注尺寸。

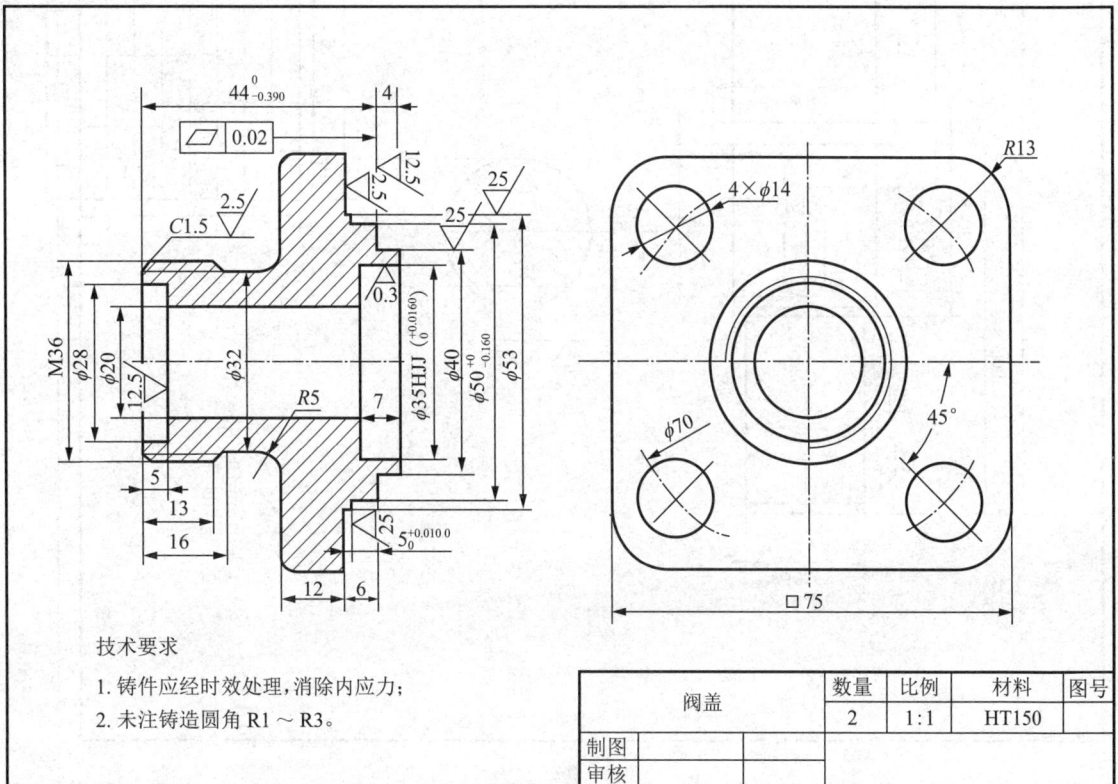

技术要求

1. 铸件应经时效处理,消除内应力;

2. 未注铸造圆角 R1 ~ R3。

阀盖		数量	比例	材料	图号
		2	1:1	HT150	
制图					
审核					

图 5-43 练习题 5-3(7)

8. 绘制图 5-44 所示的零件图,注写文字并标注尺寸。

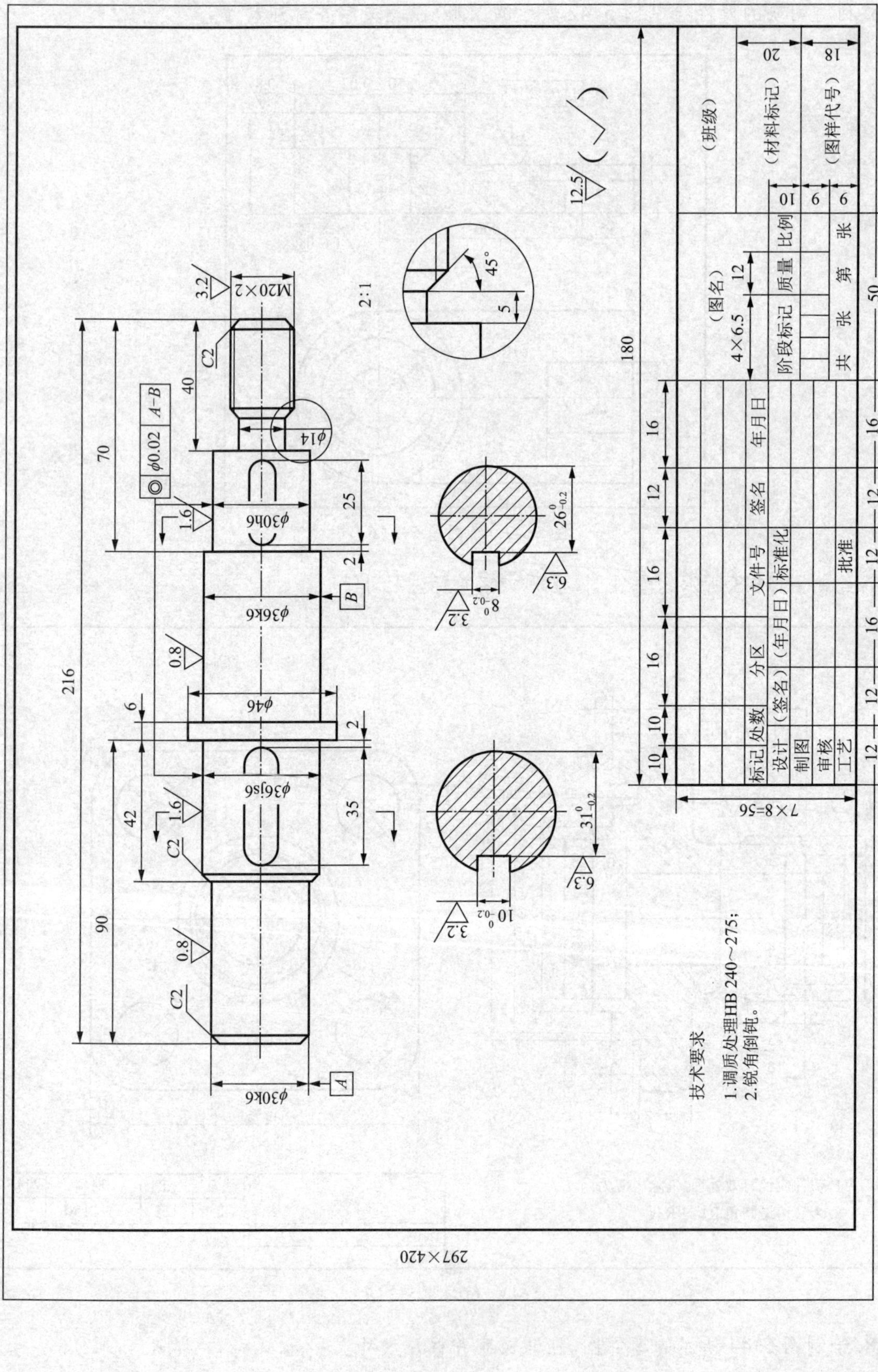

M20×2
3.2
C2
40
70
216
90
42
25
35
2
6
φ14
φ30h6
φ36k6
φ46
φ36js6
φ30k6
1.6
0.8
φ0.02 A−B
A
B
2:1
45°
5
12.5
26 0 −0.2
8 0 −0.2
31 0 −0.2
10 0 −0.2
6.3
技术要求
1.调质处理HB 240～275;
2.锐角倒钝。
（班级）
（材料标记）
（图样代号）
（图名）
4×6.5
20
18
10
6
6
12
50
180
16
12
10
7×8=56
标记
处数
分区
文件号
签名
年月日
设计
（签名）
（年月日）
标准化
阶段标记
质量
比例
制图
审核
工艺
批准
共
张
第
张
297×420

图 5-44 练习题 5-3（8）

9. 根据图 5-45 所示的齿轮油泵的分解图和图 5-46 所示的零件图绘制图 5-47 所示的齿轮油泵装配图。

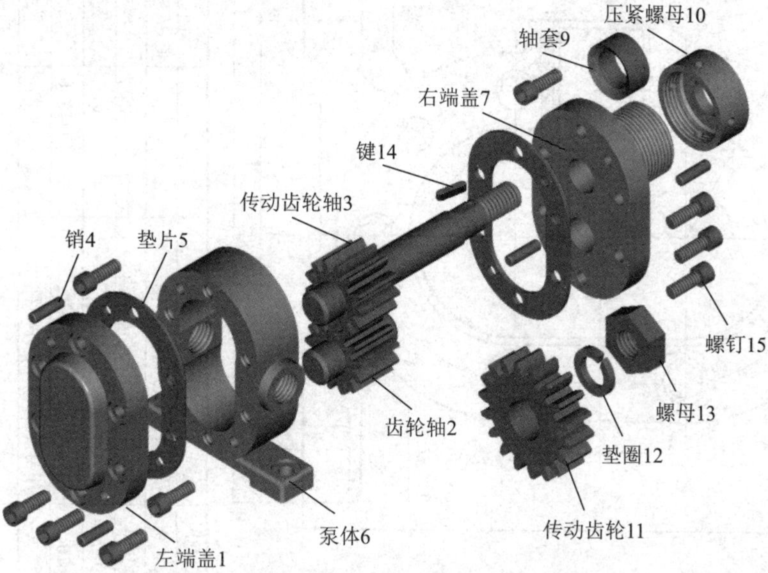

图 5-45 练习题 5-3（9）——齿轮油泵分解图

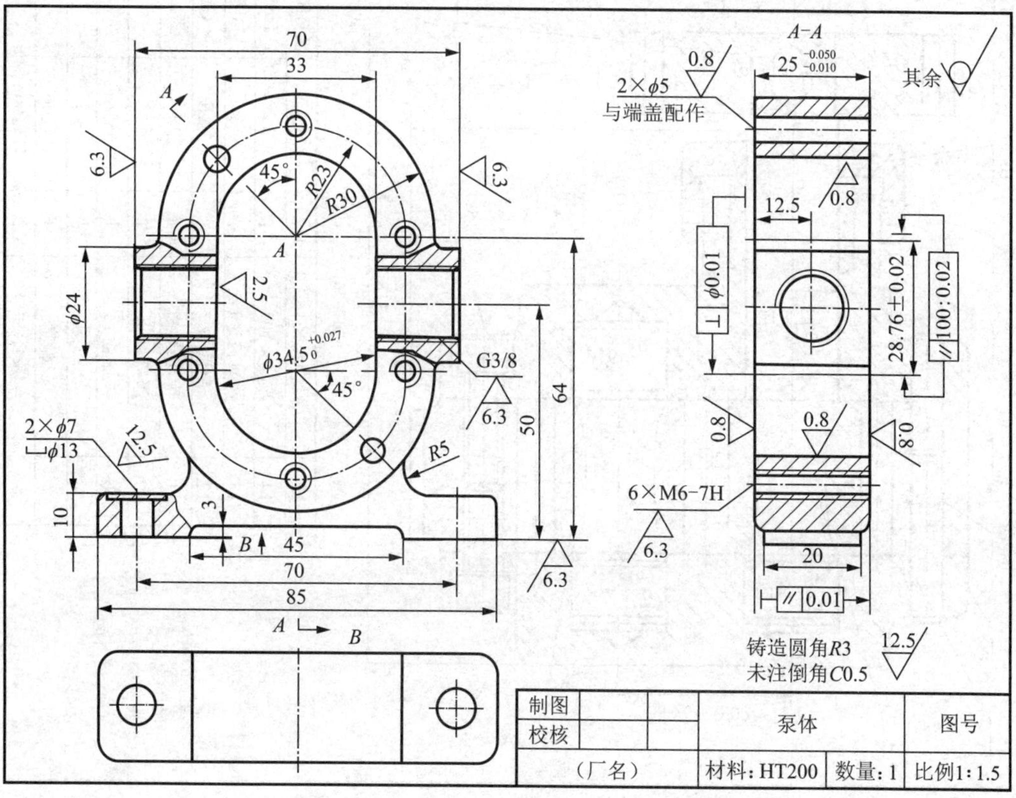

制图			泵体		图号
校核					
（厂名）			材料：HT200	数量：1	比例1:1.5

图 5-46 练习题 5-3（9）——齿轮油泵零件图

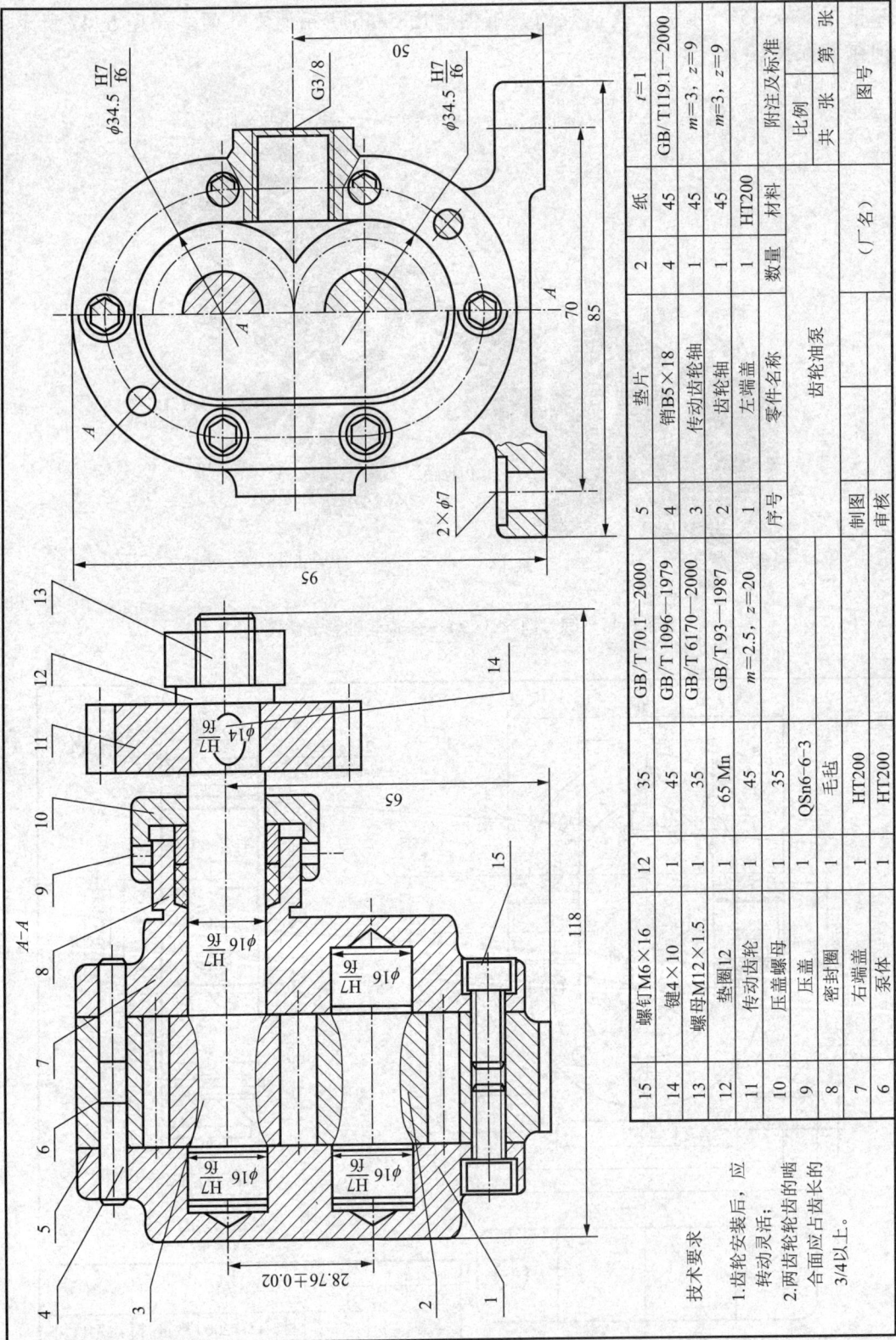

图 5-47　练习题 5-3（9）——齿轮油泵装配图

技术要求

1. 齿轮安装后，应转动灵活；
2. 两齿轮齿的啮合面应占齿长的 3/4 以上。

15	螺钉M6×16	12	35	GB/T 70.1—2000
14	键4×10	1	45	GB/T 1096—1979
13	螺母M12×1.5	1	35	GB/T 6170—2000
12	垫圈12	1	65 Mn	GB/T 93—1987
11	传动齿轮	1	45	m=2.5, z=20
10	压盖螺母	1	35	
9	压盖	1	QSn6-6-3	
8	密封圈	1	毛毡	
7	右端盖	1	HT200	
6	泵体	1	HT200	
5	垫片	2	纸	
4	销B5×18	4	45	GB/T 119.1—2000
3	传动齿轮轴	1	45	m=3, z=9
2	齿轮轴	1	45	m=3, z=9
1	左端盖	1	HT200	
序号	零件名称	数量	材料	附注及标准

		齿轮油泵		t=1		
				比例		
制图				共　张	第　张	
审核				图号		
		（厂名）				

三维建模基础

1. 掌握二维等轴测图的绘制方法；
2. 掌握基本三维模型的创建方法；
3. 掌握实体编辑命令的操作方法。

1. 能够设置绘图环境并绘制等轴测图；
2. 能够根据模型建立三维坐标系并创建实体模型；
3. 能够对实体模型进行编辑。

情境一　绘制等轴测图

一、设置等轴测图绘图环境

轴测图是反映物体三维形状的二维图形，具有较强的立体感，接近人们的视觉效果，能准确地表达形体的表面形状和相对位置，具有良好的度量性，能帮人们更快、更清楚地认识产品结构，在工程领域中应用较为广泛。绘制零件的轴测图在二维平面中完成，相对三维图形更简捷方便。

轴测图分为正等轴测图和斜等轴测图，其中正等轴测图的三个轴测轴 X_1、Y_1、Z_1 与通用坐标系 X 轴的夹角分别是 30°、150° 和 90°。一个实体的轴测投影只有三个可见平面，这三个面是进行画线、找点等绘图操作的基准平面，将平行于 X_1OY_1 的平面和 Y_1OZ_1、X_1OZ_1 平面分别称为上轴测平面（Top）、左轴测平面（Left）和右轴测平面（Right），如图 6-1 所示。

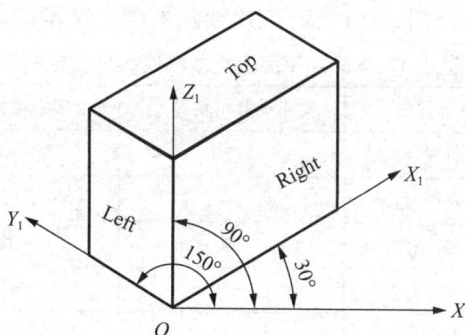

图 6-1　等轴测平面及其轴测轴

激活轴测投影模式的方法如下：

（1）选择"工具"|"绘图设置"菜单命令，或右击应用程序状态栏，在快捷菜单中选择"设置"，弹出"草图设置"对话框，选择"捕捉和栅格"选项卡，在"捕捉类型"选项组中选择"等轴测捕捉"，单击"确定"，如图6-2所示。

（2）在命令窗口中输入命令"SNAP"，AutoCAD提示：

指定捕捉间距或［开（ON）/关（OFF）/纵横向间距（A）/样式（S）/类型（T）］＜10.0000＞:s（输入"s"进行设置）

输入捕捉栅格类型［标准（S）/等轴测（I）］＜S＞:i（输入"i"选择捕捉类型为等轴测）

指定垂直间距＜10.0000＞:1（按Enter键确定）

图6-2 "草图设置"对话框的"捕捉和栅格"选项卡

提示：按F5键或Ctrl+E键依次切换上、右、左三个轴测平面。

二、设置文字和标注样式

为保证某个轴测平面中的文本符合在该平面内的视觉效果，必须根据各轴测平面的位置特点先将文字倾斜某个角度，然后再将文字旋转至与轴测轴平行的位置，以增强其立体感。

文字的倾斜角与文字的旋转角是两个不同的概念。文字的倾斜角是指在水平方向左倾（−90°～0°）或右倾（0°～90°）的角度，文字的旋转角是指以文字起点为原点进行0°～360°的旋转，也就是在文字所在的轴测平面内旋转。各轴测平面上文本的倾斜与旋转规律见表6-1。

表6-1 各轴测平面上文本的倾斜与旋转规律

轴测平面	文本所处方向	文字的倾斜角 /(°)	文字的旋转角 /(°)	标注的旋转角 /(°)
上轴测平面	与 X_1 轴平行	−30	30	−30
	与 Y_1 轴平行	30	−30	30
右轴测平面	与 X_1 轴平行	30	30	−90
	与 Z_1 轴平行	−30	−90	−30
左轴测平面	与 Y_1 轴平行	−30	−30	90
	与 Z_1 轴平行	30	90	−30

1. 设置文字样式

根据各轴测平面文字倾斜的规律,可将轴测平面文字设置倾斜 30° 和 −30° 两种文字样式。执行"文字样式"命令,在"文字样式"对话框中单击"新建"按钮,弹出"新建文字样式"对话框,在"样式名"文本框中输入"倾斜 30°",如图 6-3 所示,单击"确定"按钮返回"文字样式"对话框,在"倾斜角度"文本框中输入"30",单击"应用",如图 6-4 所示。

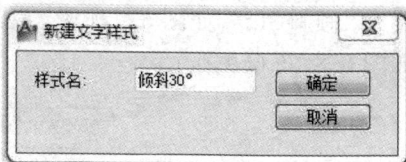

图 6-3 "新建文字样式"对话框

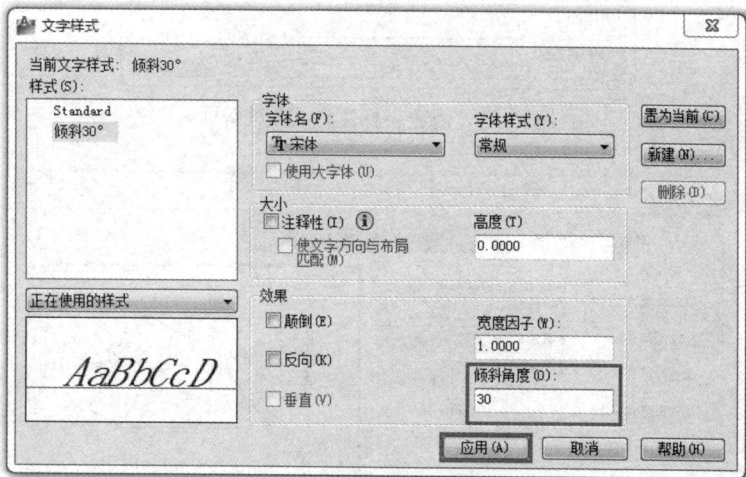

图 6-4 创建"倾斜 30°"文字样式

继续单击"新建"按钮,用同样的方法创建"倾斜−30°"文字样式,如图 6-5 所示。

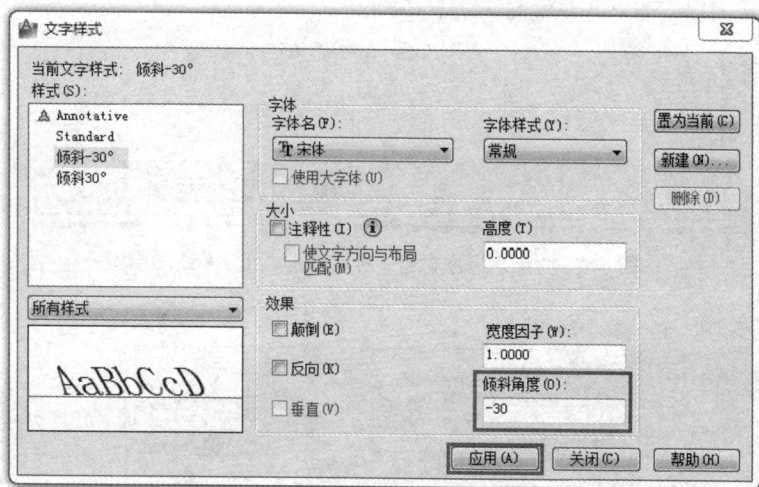

图 6-5 创建"倾斜 −30°"文字样式

2. 设置标注样式

执行"标注样式"命令,在"标注样式管理器"对话框中单击"新建"按钮,在"创建新标注样式"对话框的"新样式名"文本框中输入"标注上 Y 右 X 左 Z 倾斜 30°",如图 6-6 所示。单击"继续"按钮,在"新建标注样式"对话框的"文字"选项卡中,"文字样式"下拉列表框已经设置为"倾斜 30°",如图 6-7 所示。用同样的方法创建"标注上 X 右 Z 左 Y 倾斜 -30°"标注样式,如图 6-8、图 6-9 所示。

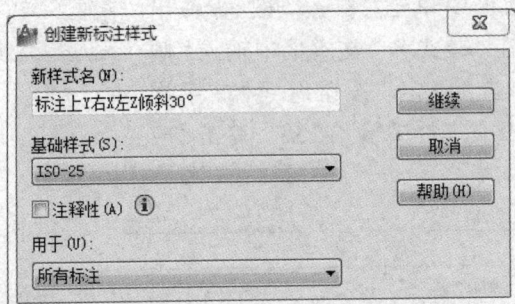

图 6-6 "创建新标注样式"对话框

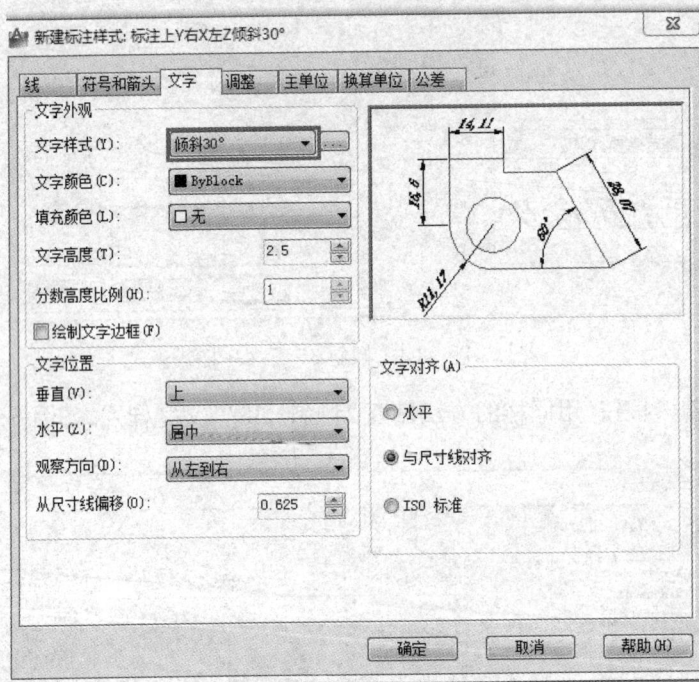

图 6-7 "新建标注样式"对话框的"文字"选项卡

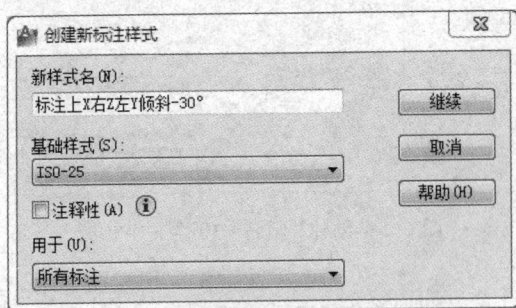

图 6-8 "创建新标注样式"对话框

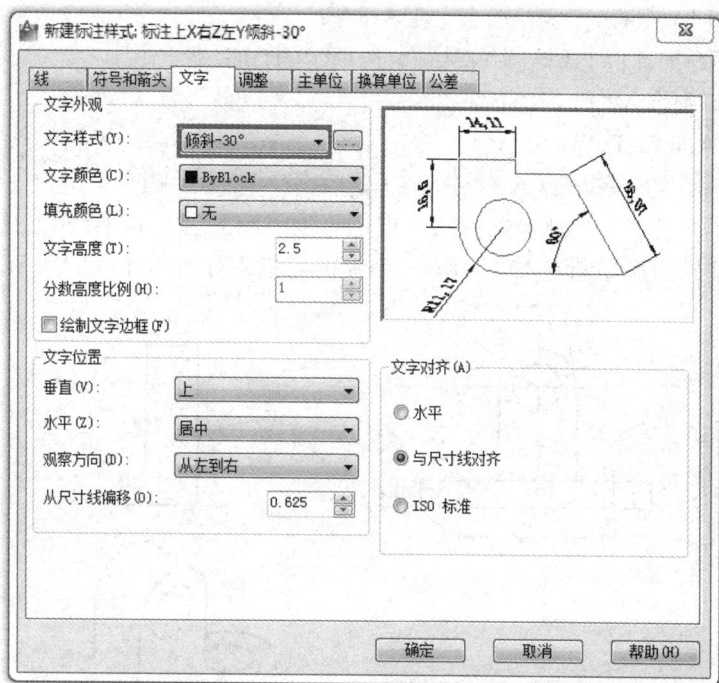

图 6-9 "新建标注样式"对话框的"文字"选项卡

3. 注写文字和标注尺寸

根据表 6-1 各轴测平面上文字和标注的倾斜与旋转规律,选择对应的文字样式和标注样式进行文字注写和尺寸标注。选择"修改"|"旋转"菜单命令对文字进行旋转,选择"标注"|"倾斜"菜单命令对标注进行旋转。修改后的效果如图 6-10 所示。

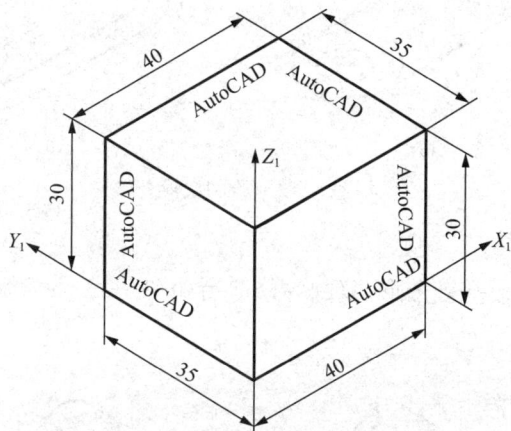

图 6-10 各轴测平面的文本和标注效果

例题 6-1 根据标注尺寸绘制图 6-11 所示的轴承座的等轴测图。

◆绘图步骤:

(1)在上轴测平面绘制底板。

打开正交模式,先绘制底座的矩形,再绘制等轴测圆。

启用等轴测圆的绘制命令有三种方法:

① 选择"绘图"|"椭圆"|"轴,端点"菜单命令;

② 单击"绘图"工具栏上"椭圆"按钮 ⬭ 选项中的"轴,端点";

③ 在命令窗口中输入"ELLIPSE"。

执行命令后,AutoCAD 提示:

指定椭圆轴的端点或[圆弧(A)/中心点(C)/等轴测圆(I)]:

在此提示下用户输入"i"画等轴测圆。指定等轴测圆的圆心和半径(直径)后,完成等轴测圆的绘制。底座基础图形如图 6-12(a)所示,复制并修剪后如图 6-12(b)所示。

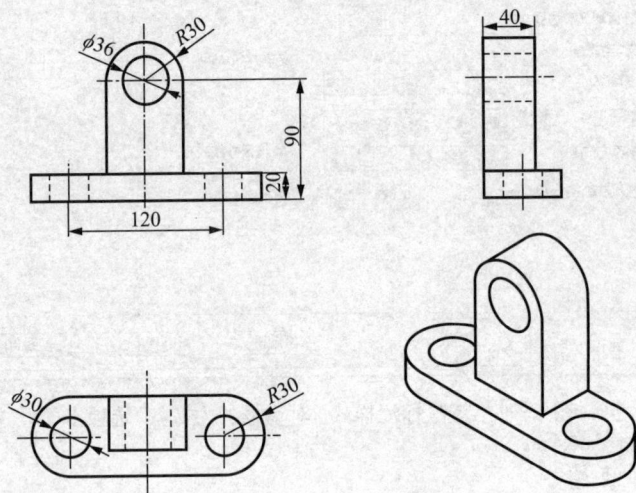

图 6-11 轴承座三视图

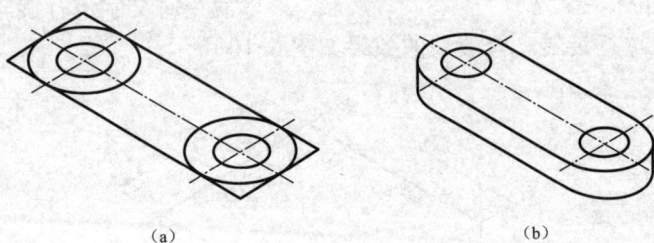

（a）   （b）

图 6-12 绘制底座

(2)绘制立板轴测图。

在左轴测平面绘制立板基础图形,复制并修剪后如图 6-13(a)所示。完成图形如图 6-13(b)所示。

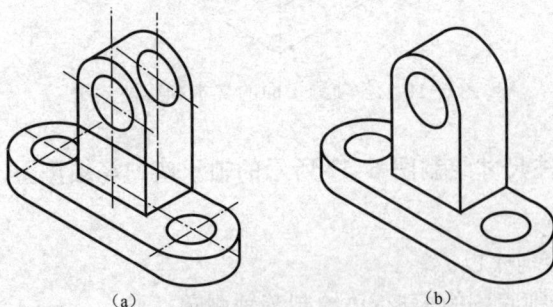

（a）   （b）

图 6-13 轴承座等轴测图

📟 练习题 6-1

1. 绘制图 6-14 所示的轴测图。

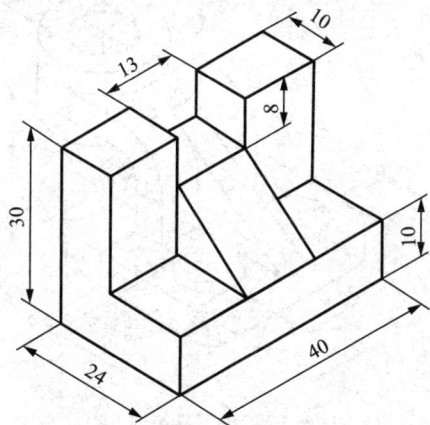

图 6-14 练习题 6-1(1)

2. 绘制图 6-15 所示的轴测图。

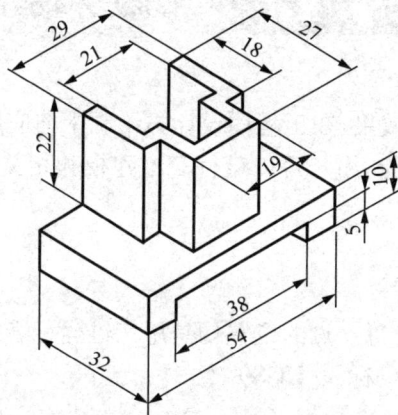

图 6-15 练习题 6-1(2)

3. 绘制图 6-16 所示的轴测图。

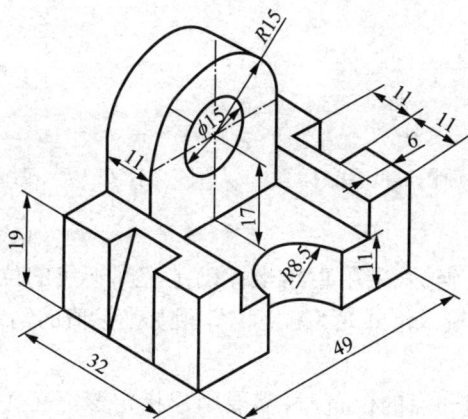

图 6-16 练习题 6-1(3)

4.绘制图 6-17 所示的轴测图。

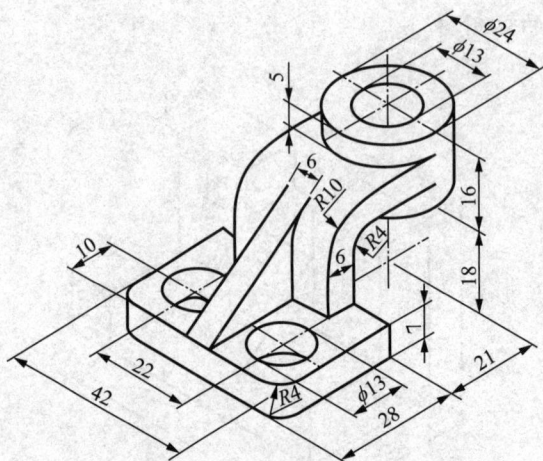

图 6-17　练习题 6-1（4）

情境二　三维建模基础

三维模型能直观表达设计效果,在工程图设计与绘制中的应用越来越广泛。AutoCAD 2012 提供了强大的三维图形绘制功能,用户可以进行三维建模和相关的编辑以及三维模型的观察和渲染。

一、三维坐标系

在三维空间中,图形对象上每一点的位置均是用三维坐标表示的。AutoCAD 的三维坐标系分为世界坐标系(WCS)和用户坐标系(UCS)。

1. 世界坐标系

平面图形和三维图形世界坐标系如图 6-18 和图 6-19 所示。三维世界坐标系中,坐标表示方法有直角坐标、圆柱坐标以及球坐标等三种形式。

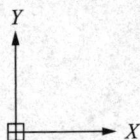

图 6-18　平面图形世界坐标系　　图 6-19　三维图形世界坐标系

（1）直角坐标。

直角坐标又称为笛卡儿坐标,采用直角坐标确定空间一点的位置时,需要用户指定该点的三个坐标值。绝对坐标值的输入形式是"X, Y, Z",相对坐标值的输入形式是"@X, Y, Z"。

（2）圆柱坐标。

采用圆柱坐标确定空间一点的位置时,需要用户指定该点在 XY 平面内的投影点与坐标系原点的距离、投影点与 X 轴的夹角以及该点的 Z 坐标值。例如："$100 < 45, 30$"表示输入点在 XY 平面内的投影点到坐标系原点有 100 个单位,该投影点和坐标系原点的连线与 X 轴的夹角为 45°,且沿 Z 轴方向有 30 个单位。

（3）球坐标。

采用球坐标确定空间一点的位置时,需要用户指定该点与坐标系原点的距离、该点和坐标系原点的连线在 XY 平面上的投影与 X 轴的夹角、该点和坐标系原点的连线与 XY 平面形成的夹角。例如："$100 < 60 < 45$"表示输入点与坐标系原点的距离为 100 个单位,输入点和坐标系原点的连线在 XY 平面上的投影与 X 轴的夹角为 60°,该连线与 XY 平面的夹角为 45°。

2. 用户坐标系

世界坐标系的坐标方向和位置是固定不变的,对于创建三维模型,当用户需要在某些斜面上进行绘图时,由于世界坐标系的 XY 平面与模型斜面存在一定的夹角,因此不能直接进行绘制,如图 6-20 所示。此时用户必须先将模型的斜面定义为坐标系的绘图平面,用户定义的坐标系就称为用户坐标系。

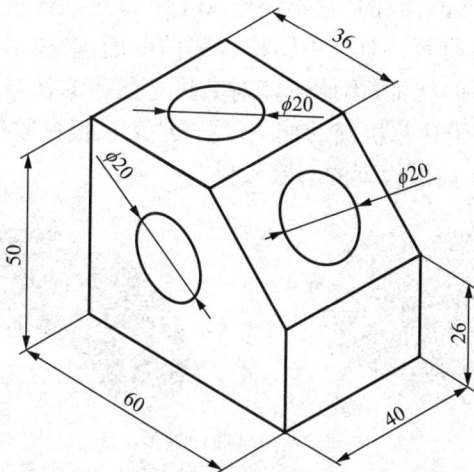

图 6-20　三维模型

启用"用户坐标系"命令有三种方法:
（1）选择"工具"|"新建 UCS"子菜单下提供的绘制命令;
（2）在"UCS"工具栏里选择相应的命令,"UCS"工具栏如图 6-21 所示;
（3）在命令窗口中输入命令"UCS"。

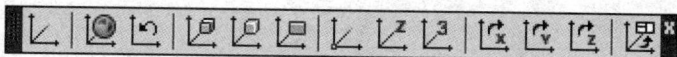

图 6-21　"UCS"工具栏

二、三维几何模型分类

在 AutoCAD 中,用户可以创建 3 种类型的三维模型:线框模型（Wireframe Model）、曲面模型（Surface Model）及实体模型。这 3 种模型在计算机上的显示方式是相同的,即以线架结构显示,但用户可用特定命令使曲面模型及实体模型的真实性表现出来。

1. 线框模型

线框模型是一种轮廓模型,它是用线(3D空间的点、直线及曲线)表达三维立体。线框模型结构简单,易于绘制。线框模型只具有边的特征,没有面和体的特征,无法对其进行面积、体积、重心等计算,不能进行消隐和渲染等操作,也不能进行布尔运算。图6-22显示了立体的线框模型,在消隐模式下也可看到后面的线。

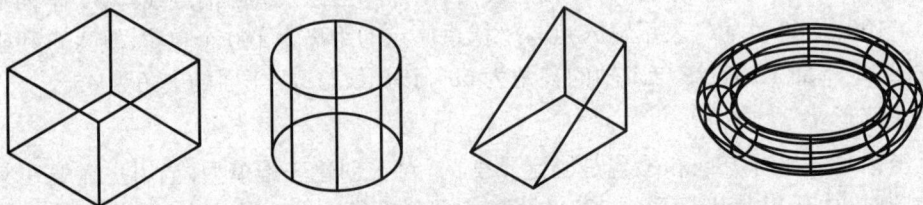

图6-22 线框模型

2. 曲面模型

曲面模型是用来描述三维对象的,它不仅定义了三维对象的边界,还具有面的特征。曲面模型适用于创建较为复杂的曲面。对于由网格构成的曲面,多边形网格越密,曲面的光滑程度越高。由于曲面模型具有面的特征,因此可以对其进行面积的计算、消隐、着色和渲染等操作,但是不能进行布尔运算。对于计算机辅助加工,用户还可以根据零件的曲面模型形成完整的加工信息。图6-23所示是两个曲面模型的消隐效果。

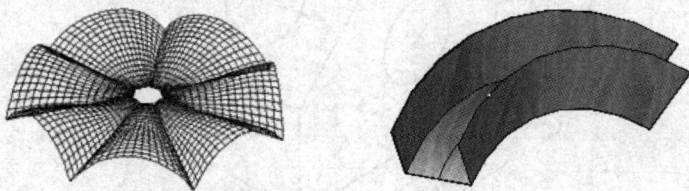

图6-23 曲面模型

3. 实体模型

实体模型具有线、表面、体的全部信息,是三维模型的最高级方式,具有质量、体积、重心和惯性矩等特性。与传统的线框模型相比,复杂的实体形状更易于构造和编辑,可以区分对象的内部及外部,可以对它进行打孔、切槽和添加材料等布尔运算,以及对实体装配进行干涉检查。用户还可以将实体分解为面域、体、曲面和线框对象。对于计算机辅助加工,用户还可利用实体模型的数据生成数控加工代码,进行数控刀具轨迹仿真加工等。图6-24所示是实体模型。

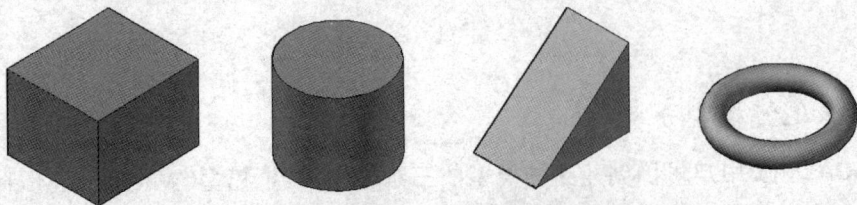

图6-24 实体模型

三、观察三维视图

利用三维视图观察工具可以将目标定位在模型的指定方位,使用户从不同的角度、高度和距离查看图形中的对象。

1. 视点预设

设置视点就是通过确定观察位置在工作平面(XY平面)上的视点与X轴的夹角以及视点与XY平面的夹角来设置三维观察方向。通过设置视点,用户可以从任意位置观察模型。启用"视点预设"命令有两种方式:

(1)选择"视图"|"三维视图"|"视点预设"菜单命令;

(2)在命令窗口中输入"DDVPOINT"命令。

执行"视点预设"命令后,AutoCAD弹出"视点预设"对话框,如图6-25所示。在"视点预置"对话框中有两个刻度盘:左边的刻度盘用来设置视线在XY平面内的投影与X轴的夹角,用户也可以直接在"X轴"文本框中输入该值;右边的刻度盘用来设置视线与XY平面的夹角,同理也可以直接在"XY平面"文本框中输入该值。单击"设置为平面视图"按钮,将观察角度设置为相对于选中的坐标系显示平面视图。

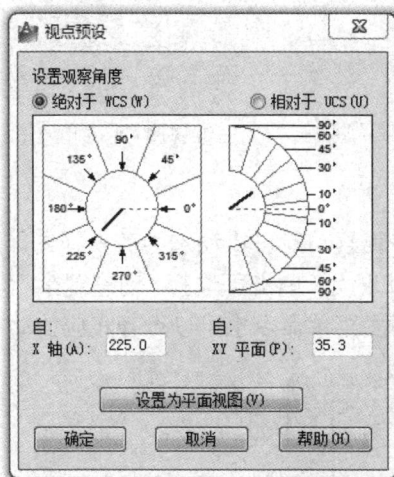

图 6-25 "视点预设"对话框

2. 设置视点

选择"视图"|"三维视图"|"视点"菜单命令,模型空间自动显示罗盘和三轴架,如图6-26所示。在罗盘中,十字光标代表视点在XY平面的投影,罗盘的中心是Z轴的正方向,小圆内代表视点与XY平面的夹角为$0° \sim 90°$,小圆和大圆之间代表视点与XY平面的夹角为$0° \sim -90°$。

移动鼠标,当鼠标落于坐标球的不同位置时,三轴架将以不同状态显示,此时三轴架的显示直接反映了三维坐标轴的状态。当三轴架的状态达到所要求的效果后,单击鼠标左键即可对模型进行观察。当 AutoCAD 命令窗口中提示:

指定视点或[旋转(R)] <显示指南针和三轴架>:

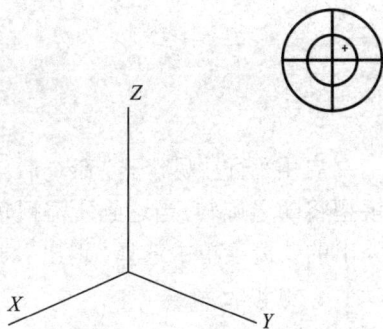

图 6-26 罗盘和三轴架

输入"0，0，1"，即俯视图的视点，由此也可以得到其他标准视图的视点位置。

AutoCAD 提供了 10 个标准视图，可供用户选择来观察模型，其中包括 6 个正交投影视图、4 个等轴测视图，分别为俯视图、仰视图、左视图、右视图、前视图、后视图以及西南等轴测视图、东南等轴测视图、东北等轴测视图、西北等轴测视图。选择标准视点对模型进行观察，有两种方法：

（1）选择"视图"|"三维视图"菜单命令，如图 6-27 所示；

（2）从"视图"工具栏中选择相应的视图。

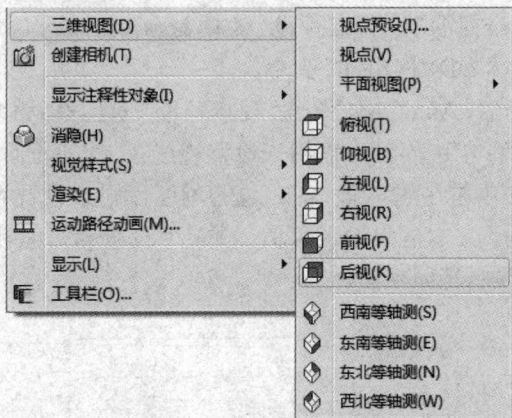

图 6-27 "三维视图"子菜单

3. 动态观察

使用 AutoCAD 的三维动态观察功能可以动态地改变视图。AutoCAD 2012 将"动态观察"按钮放在了导航栏上，如图 6-28 所示，单击可选择"动态观察""自由动态观察"和"连续动态观察"。选择"视图"|"动态观察"菜单命令也可以选择相应的动态观察模式。

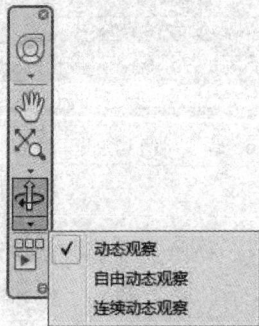

图 6-28 "动态观察"菜单

启用"动态观察器"命令后，系统将显示一个小转盘。按住鼠标左键不放并拖动鼠标，三维模型将随之旋转，当达到所需视角后，按 Enter 键或是 Esc 键结束命令，也可以单击鼠标右键，从弹出的快捷菜单中选择"退出"即可退出动态观察模式。

4. 多视口观察

视口即屏幕上显示的绘图区域，系统默认视口为单个视口。为了更好地观察和编辑三维模型，可利用 AutoCAD 提供的多视口功能进行视口配置，将绘图区域设置为多个视口。对模型进行多视口观察有三种方法：

（1）选择"视图"|"视口"菜单命令；

（2）在"视口"工具栏中单击"显示视口对话框"按钮；

（3）在命令窗口中输入命令"VPORTS"。

启用"多视口观察"命令后，系统弹出图 6-29 所示的"视口"对话框，设置完成后，模型显示如图 6-30 所示。

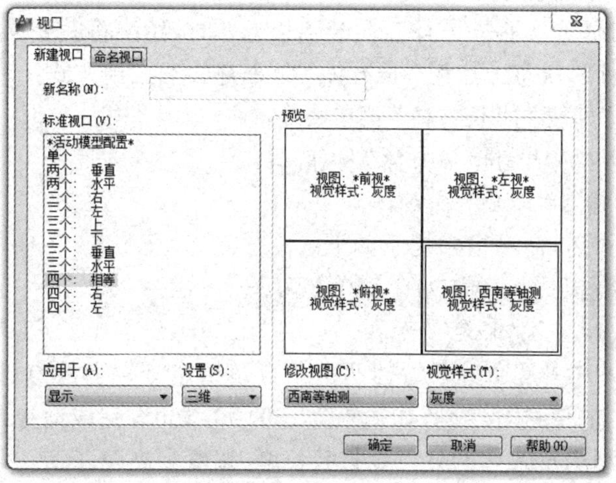

图 6-29 "视口"对话框

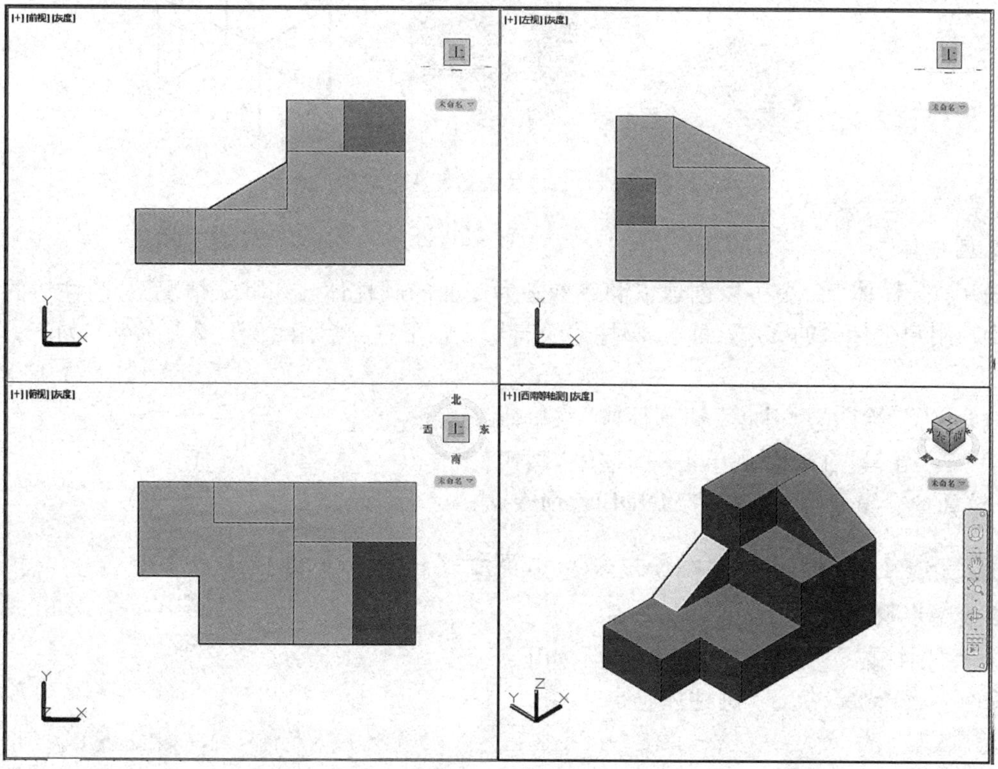

图 6-30 四个视口观察模型

情境三　创建三维模型

一、创建基本实体

1.长方体

长方体是最基本的实体模型之一,作为最基本的三维模型,其应用非常广泛。使用"长方体"命令可以创建实心长方体或实心立方体。在绘制长方体时,始终将其底面绘制为与当前 UCS 的 XY 平面(工作平面)平行的状态。启用"长方体"命令有如下三种方式:

(1)选择"绘图"|"建模"|"长方体"菜单命令;

(2)在"建模"工具栏中单击"长方体"按钮■;

(3)在命令窗口中输入"BOX"命令。

执行"长方体"命令后,命令窗口提示如下:

指定长方体的角点或 [中心点(C)] < 0, 0, 0 >:

指定角点或 [立方体(C) / 长度(L)]:

绘制长方体的默认方法是通过长方体两个角点及指定 Z 轴上的点进行绘制。精确绘图则需要通过指定长、宽、高的值进行绘制,如输入"@30, 50, 100",完成命令操作后,结果如图 6-31 所示。另外,用户可以利用长方体的夹点调整其长度、宽度和高度。

图 6-31　长方体实体及线框模型

2.圆柱体

使用"圆柱体"命令可以创建以圆或椭圆为底面的圆柱体。在默认情况下,圆柱体的底面位于当前用户坐标系的 XY 平面上,圆柱体的高与 Z 轴平行。启用"圆柱体"命令有如下三种方式:

(1)选择"绘图"|"建模"|"圆柱体"菜单命令;

(2)在"建模"工具栏中单击"圆柱体"按钮■;

(3)在命令窗口中输入"CYLINDER"命令。

例题 6-2　绘制一个底面半径为 50 mm、高度为 150 mm 的圆柱体。

◆绘图步骤:

执行"圆柱体"命令后,命令窗口提示如下:

命令:_cylinder(执行"圆柱体"命令)

指定底面的中心点或 [三点(3P) / 两点(2P) / 相切、相切、半径(T) / 椭圆(E)]:(指定底面中心点)

指定底面半径或 [直径(D)]:50(指定圆柱体底面半径)

指定高度或 [两点(2P) / 轴端点(A)]:150(指定圆柱体高度)

完成命令操作后,结果如图 6-32 所示。利用圆柱体的夹点,用户可以任意调整其底面半径和高度。

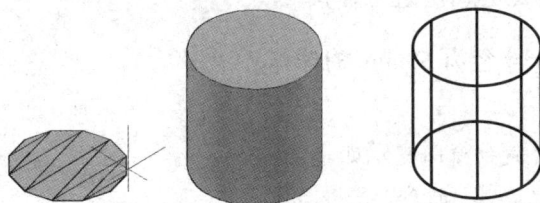

图 6-32　圆柱体实体及线框模型

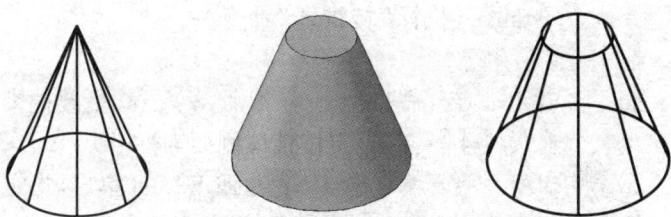

3. 圆锥体

利用"圆锥体"命令可以创建底面为圆形或椭圆形的尖头圆锥体或圆台。在默认情况下,圆锥体的底面位于当前 UCS 的 *XY* 平面上,圆锥体的高与 *Z* 轴平行。启用"圆锥体"命令有如下三种方式:

(1)选择"绘图"|"建模"|"圆锥体"菜单命令;

(2)在"建模"工具栏中单击"圆锥体"按钮 △;

(3)在命令窗口中输入"CONE"命令。

例题 6-3　**绘制一个底面半径为 50 mm、高度为 100 mm 的圆锥体。**

◆绘图步骤:

执行"圆锥体"命令后,命令窗口提示如下:

命令:_cone(执行"圆锥体"命令)

指定底面的中心点或 [三点(3P) / 两点(2P) / 相切、相切、半径(T) / 椭圆(E)]:(指定底面中心点)

指定底面半径或 [直径(D)]:50(指定圆锥体底面半径)

指定高度或 [两点(2P) / 轴端点(A) / 顶面半径(T)]:100(输入圆锥体高度值)

完成命令操作后,结果如图 6-33 所示。用户可以利用圆锥体的夹点调整其底面半径、顶面半径和高度。

另外,在命令执行过程中,用户还可以通过指定圆锥体"顶面半径"来创建圆台体,结果如图 6-34 所示。

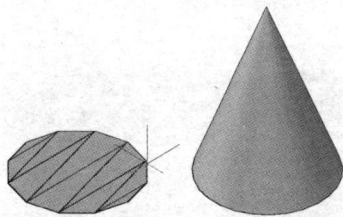

图 6-33　圆锥体实体及线框模型　　　　图 6-34　圆台体实体及线框模型

4. 球体

使用"球体"命令可以创建实体球体。如果从圆心开始创建,球体的中心轴将与当前 UCS

的 Z 轴平行。启用"球体"命令有如下三种方式：

（1）选择"绘图"|"建模"|"球体"菜单命令；

（2）在"建模"工具栏中单击"球体"按钮 ⊙；

（3）在命令窗口中输入"SPHERE"命令。

例题 6-4 **绘制一个半径为 50 mm 的球体**。

◆绘图步骤：

执行"球体"命令后，命令窗口提示如下：

命令：_sphere（执行"球体"命令）

指定中心点或 [三点（3P）/ 两点（2P）/ 相切、相切、半径（T）]：（单击，指定中心点）

指定半径或 [直径（D）]:50（指定球体半径）

完成命令操作后，结果如图 6-35 所示。另外，用户可以选择使用"三点""两点""相切、相切、半径"等多种方式绘制球体。用户还可以利用球体的夹点调整其半径。

图 6-35　球体实体及线框模型

5. 棱锥体

利用"棱锥体"命令可以创建具有 3～32 个侧面的棱锥体。用户可以创建倾斜至一个点的棱锥体，也可以创建从底面倾斜至平面的棱锥台体。启用"棱锥体"命令有如下三种方式：

（1）选择"绘图"|"建模"|"棱锥体"菜单命令；

（2）在"建模"工具栏中单击"棱锥体"按钮 ◇；

（3）在命令窗口中输入"PYRAMID"命令。

例题 6-5 **绘制一个底面外切于半径为 50 mm 的圆、高度为 150 mm 的六棱锥体**。

◆绘图步骤：

执行"棱锥体"命令后，命令窗口提示如下：

命令：_pyramid（执行"棱锥体"命令）

4 个侧面　外切

指定底面的中心点或 [边（E）/ 侧面（S）]:s（更改棱锥体侧面）

输入侧面数＜ 4 ＞:6（设定棱锥体侧面为"6"）

指定底面的中心点或 [边（E）/ 侧面（S）]:（单击，指定底面中心点）

指定底面半径或 [内接（I）]:50（指定底面半径）

指定高度或 [两点（2P）/ 轴端点（A）/ 顶面半径（T）]:150（指定高度）

完成命令操作后，结果如图 6-36 所示。用户可以利用棱锥体夹点调整其底面外切圆的半径和高度。

另外,在命令执行过程中,用户还可以通过指定棱锥体"顶面半径"来创建棱锥台体,结果如图 6-37 所示。

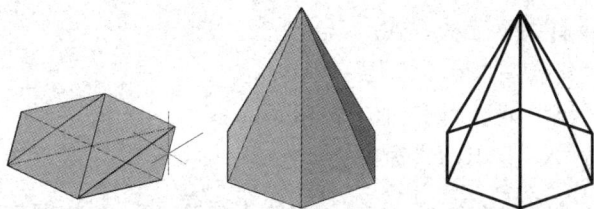

图 6-36 六棱锥实体及线框模型

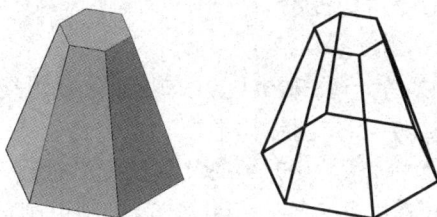

图 6-37 六棱锥台实体及线框模型

6. 楔体

利用"楔体"命令可以创建面为矩形或正方形的楔体。绘制的楔体底面与当前 UCS 的 XY 平面平行,斜面正对第一个角点,楔体的高度与 Z 轴平行。启用"楔体"命令有如下三种方式:

(1)选择"绘图"|"建模"|"楔体"菜单命令;

(2)在"建模"工具栏中单击"楔体"按钮 ◩;

(3)在命令窗口中输入"WEDGE"命令。

例题 6-6 绘制一个底面为 50 mm×20 mm、高度为 30 mm 的楔体。

◆绘图步骤:

执行"楔体"命令后,命令窗口提示如下:

命令:_wedge(执行"楔体"命令)

指定第一个角点或［中心(C)］:(单击任意一点,指定第一个角点)

指定其他角点或［立方体(C)/长度(L)］:@50,20(输入角点坐标)

指定高度或［两点(2P)］:30(输入楔体高度值)

楔体绘制的高度是指从第一个角点(起点)开始向上的高度。完成命令操作后,结果如图 6-38 所示。用户还可以利用楔体的夹点调整其底面尺寸和高度。

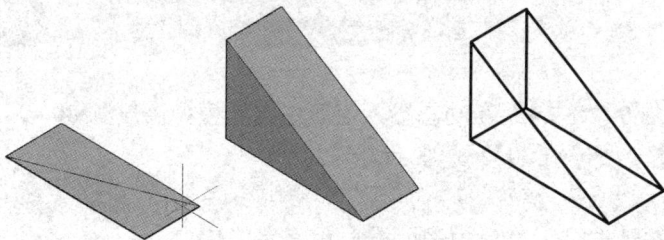

图 6-38 楔体实体及线框模型

7. 圆环体

圆环体具有两个半径值，一个值定义圆管，另一个值定义从圆环体的圆心到圆管的圆心之间的距离。如果输入的圆管半径大于圆环体半径，则圆环体可以自交，自交的圆环体没有中心孔。启用"圆环体"命令有如下三种方式：

（1）选择"绘图"|"建模"|"圆环体"菜单命令；

（2）在"建模"工具栏中单击"圆环体"按钮◎；

（3）在命令窗口中输入"TORUS"命令。

例题 6-7 **绘制一个圆环半径为** 80 mm、**圆管半径为** 20 mm **的圆环体。**

◆绘图步骤：

执行"圆环体"命令后，命令窗口提示如下：

命令：_torus（执行"圆环体"命令）

指定中心点或［三点（3P）/两点（2P）/切点、切点、半径（T）］:（单击，指定圆环中心点）

指定半径或［直径（D）］:80（指定圆环体半径）

指定圆管半径或［两点（2P）/直径（D）］:20（将圆管半径设为"20"）

完成命令操作后，结果如图 6-39 所示。用户还可以利用圆环体的夹点调整圆环体半径及圆管半径。

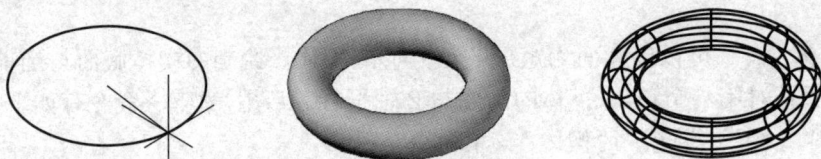

图 6-39　圆环体实体及线框模型

8. 多段体

多段体可以看作是带矩形轮廓的多段线，只不过直接绘制出来就是实体。用户可以指定轮廓的高度和宽度。启用"多段体"命令有如下三种方式：

（1）选择"绘图"|"建模"|"多段体"菜单命令；

（2）在"建模"工具栏中单击"多段体"按钮▊；

（3）在命令窗口中输入"POLYSOLID"命令。

例题 6-8 **使用"多段体"命令创建图** 6-40 **的实体模型。**

◆绘图步骤：

执行"多段体"命令后，命令窗口提示如下：

命令：_polysolid 高度＝80.0000,宽度＝5.0000,对正＝居中（执行"多段体"命令）

指定起点或［对象（O）/高度（H）/宽度（W）/对正（J）］＜对象＞:h（选择"高度"选项）

指定高度＜80.0000＞:240（在动态输入窗口中输入模型高度"240"）

高度＝80.0000,宽度＝5.0000,对正＝居中

指定起点或［对象（O）/高度（H）/宽度（W）/对正（J）］＜对象＞:w（选择"宽度"选项）

指定宽度:20（在动态输入窗口中输入模型宽度为"20"）

高度＝240.0000,宽度＝20.0000,对正＝居中

指定起点或［对象（O）/高度（H）/宽度（W）/对正（J）］＜对象＞:（单击设定模型起点）

指定下一个点或［圆弧（A）/放弃（U）］:300（输入模型长度）

指定下一个点或［圆弧（A）/放弃（U）］:200（输入模型长度）

指定下一个点或［圆弧（A）/放弃（U）］:75（输入模型长度）

指定下一个点或［圆弧（A）/放弃（U）］:40（输入模型长度）

指定下一个点或［圆弧（A）/放弃（U）］:150（输入模型长度）

指定下一个点或［圆弧（A）/放弃（U）］:40（输入模型长度）

指定下一个点或［圆弧（A）/放弃（U）］:75（输入模型长度）

指定下一个点或［圆弧（A）/闭合（C）/放弃（U）］:c（自动闭合,按 Enter 键完成绘制）

完成命令操作后,结果如图 6-40 所示。用户可以利用多段体的夹点调整其模型厚度、高度和模型位置,方便地修改模型平面形状和尺寸。

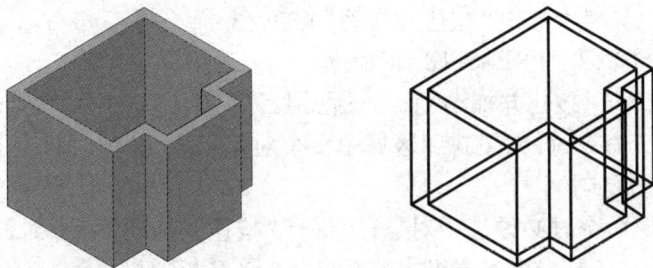

图 6-40　多段体实体及线框模型

二、用二维图形创建实体

1. 拉伸实体

（1）"拉伸"操作。

用户可以通过拉伸已选定的对象来创建实体和曲面。如果拉伸闭合对象,则生成的对象为实体。如果拉伸开放对象,则生成的对象为曲面。如果拉伸具有一定宽度的多段线,则将忽略宽度并从多段线路径的中心拉伸多段线。如果拉伸具有一定厚度的对象,则将忽略厚度。利用"直线""圆弧"等命令绘制的一般闭合图形则不能直接进行拉伸,此时用户需要将其定义为面域。启用"拉伸"命令有如下三种方式:

① 选择"绘图"|"建模"|"拉伸"菜单命令;

② 在"建模"工具栏中单击"拉伸"按钮；

③ 在命令窗口中输入"EXTRUDE"命令。

拉伸对象时,用户可以通过指定拉伸路径、倾斜角或方向来创建三维对象。

例题 6-9 利用"拉伸"命令创建一个三维模型。

◆绘图步骤:

① 在工作平面绘制出底座的二维图形。

② 使底座需要拉伸的部分生成面域。

151

③ 执行"拉伸"命令,将底座面域拉伸到指定高度。

完成命令操作后,结果如图 6-41 所示。用户可以利用实体模型的夹点调整模型的尺寸和高度。

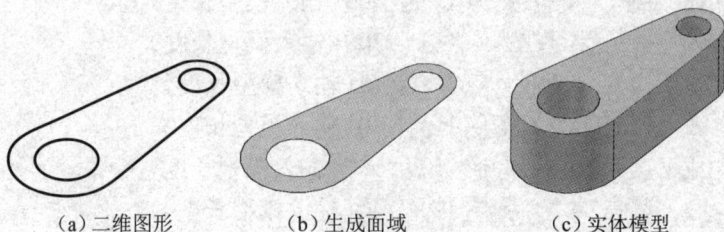

(a)二维图形 　　 (b)生成面域 　　 (c)实体模型

图 6-41　创建拉伸实体

(2)"按住并拖动"命令。

也可以使用"按住并拖动"命令,通过拾取封闭区域,单击并拖动鼠标来创建实体。启用"按住并拖动"命令有如下方式:

① 在"建模"工具栏中单击"按住并拖动"按钮 ;

② 在命令窗口中输入"PRESSPULL"命令。

(3)"拉伸"命令与"按住并拖动"命令的区别。

① 执行"拉伸"命令时,如果封闭区域由多个对象组成,拉伸时将生成一组曲面,而"按住并拖动"命令仍将生成实体。

② 执行"拉伸"命令时必须选中对象,而执行"按住并拖动"命令时,只需将光标移至封闭区域(无论它是由一个还是多个对象组成),系统会自动分析边界。

③ 执行"拉伸"命令时,源对象被删除,而执行"按住并拖动"命令时,源对象被保留。

④ 执行"拉伸"命令时,只能创建新实体,而执行"按住并拖动"命令时,如果生成的实体与另一个实体相交,则系统会自动执行布尔差集运算,即从已有实体中减去新生成的实体。

⑤ "拉伸"命令只能对封闭的二维图形进行拉伸,而"按住并拖动"命令还可以对所形成的立体表面进行拉伸操作。

2. 放样实体

放样实体是指对一系列横截面沿指定的路径或导向运动扫描所获得的三维实体或曲面。横截面轮廓可以是开放曲线,也可以是闭合曲线,开放曲线可以创建曲面,闭合曲线可以创建实体或曲面。在进行放样时,使用的横截面必须全部开放或全部闭合,不能使用既包含开放曲线又包含闭合曲线的选择集。为获得最佳结果,路径曲线应始于第一个横截面所在的平面,止于最后一个横截面所在的平面。注意,在创建放样横截面轮廓时,应将多个横截面绘制在不同的平面内。启用"放样"命令有如下三种方式:

(1)选择"绘图"|"建模"|"放样"菜单命令;

(2)在"建模"工具栏中单击"放样"按钮 ;

(3)在命令窗口中输入"LOFT"命令。

例题 6-10 将图 6-42(a)所示图形通过放样生成实体模型。

◆绘图步骤:

执行"放样"命令后,命令窗口提示如下:

命令：_loft

按放样次序选择横截面：

输入选项 [导向(G) / 路径(P) / 仅横截面(C) / 设置(S)]＜仅横截面＞：

其中各参数的含义如下：

◎"导向"选项：指定控制放样实体或曲面形状的导向曲线。可以使用导向曲线来控制点如何匹配相应的横截面。导向曲线可以是直线或曲线,但每条导向曲线必须始于第一个横截面,止于最后一个横截面,且必须与每个横截面相交才能进行放样。

◎"路径"选项：通过指定放样实体路径的方法创建放样实体,但用作路径的曲线必须与横截面的所有平面相交。

◎"仅横截面"选项：在不使用导向或路径的情况下,创建放样对象。

◎"设置"选项：打开"放样设置"对话框进行参数设置。

完成命令操作后,结果如图 6-42（b）～（g)所示。用户可以利用实体模型的夹点调整模型的截面形状、尺寸和高度。

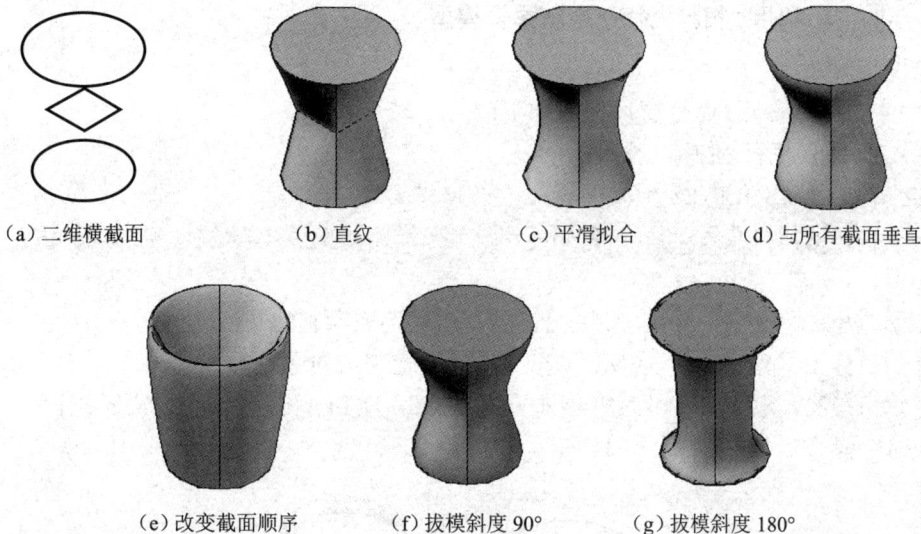

(a) 二维横截面　　　　(b) 直纹　　　　(c) 平滑拟合　　　　(d) 与所有截面垂直

(e) 改变截面顺序　　　　(f) 拔模斜度 90°　　　　(g) 拔模斜度 180°

图 6-42　创建放样实体

3. 旋转实体

旋转实体是指通过绕指定轴旋转多段线、多边形、圆、椭圆、闭合样条曲线、圆环和面域来创建新的三维模型。如果旋转闭合对象,则生成实体;如果旋转开放对象,则生成曲面。启用"旋转"命令有如下三种方式：

（1）选择"绘图"|"建模"|"旋转"菜单命令;

（2）在"建模"工具栏中单击"旋转"按钮 📧 ;

（3）在命令窗口中输入"REVOLVE"命令。

例题 6-11 利用"旋转"命令创建一个实体轴。

◆绘图步骤：

（1）用"多段线"命令在俯视图中绘制轴的轮廓线和旋转轴。

（2）利用旋转实体功能将其创建为三维轴。结果如图 6-43 所示。

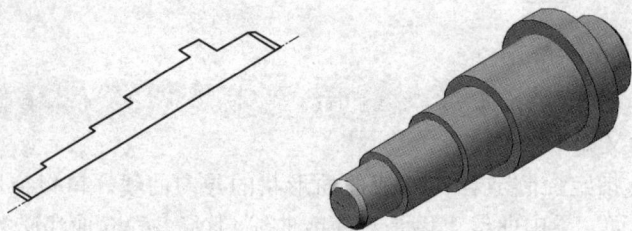

图 6-43　创建旋转实体

4. 扫掠实体

扫掠实体是指沿路径扫掠平面曲线(轮廓)来创建实体或曲面。启用"扫掠"命令有如下三种方式:

(1)选择"绘图"|"建模"|"扫掠"菜单命令;

(2)在"建模"工具栏中单击"扫掠"按钮 🍻;

(3)在命令窗口中输入"SWEEP"命令。

例题 6-12 利用"扫掠"命令绘制弹簧模型。

◆绘图步骤:

执行"扫掠"命令后,命令窗口提示如下:

命令:_sweep(执行"扫掠"命令)

当前线框密度:ISOLINES＝4,闭合轮廓创建模式＝实体

选择要扫掠的对象或[模式(MO)]:_mo 闭合轮廓创建模式[实体(SO)/曲面(SU)]＜实体＞:_so

选择要扫掠的对象或[模式(MO)]:找到 1 个(选取绘制的圆形轮廓)

选择要扫掠的对象或[模式(MO)]:(按 Enter 键完成对象选择)

选择扫掠路径或[对齐(A)/基点(B)/比例(S)/扭曲(T)]:(选择螺旋线作为扫掠路径)

完成命令操作后,结果如图 6-44 所示。

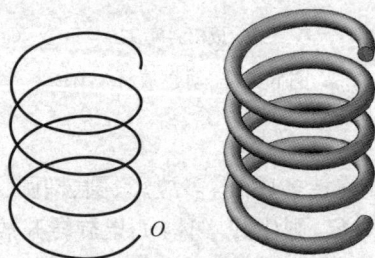

图 6-44　创建扫掠实体

🖱 情境四　编辑三维模型

为了更准确、更有效地创建复杂三维模型,需要使用三维编辑工具对实体进行移动、复制、缩放、拉伸和阵列等编辑操作。另外,利用三维编辑工具还可以对三维对象进行布尔运算、剖切、抽壳等高级编辑操作。

一、修改三维对象

1. 三维移动

使用"三维移动"命令,可以将指定模型沿 X、Y、Z 轴或其他任意方向移动,也可以沿轴线、面或在任意两点间移动,从而准确定位模型在三维空间中的位置。启用"三维移动"命令有如下三种方式:

(1)选择"修改"|"三维操作"|"三维移动"菜单命令;

(2)在"修改"工具栏中单击"三维移动"按钮 ⊕ ;

(3)在命令窗口中输入"3DMOVE"命令。

例题 6-13 利用"三维移动"命令,将六面体沿轴向进行移动。

◆绘图步骤:

用户可以通过指定距离、指定轴向、指定平面三种方式实现三维对象的移动。

执行"三维移动"命令后,命令窗口提示如下:

命令:_3dmove(执行"三维移动"命令)

选择对象:找到 1 个[选择要移动的对象,如图 6-45(a)所示]

选择对象:(按 Enter 键完成对象选择)

指定基点或[位移(D)]<位移>:[将光标悬停在指定对象的坐标轴上,如图 6-45(b)所示,单击确定基点]

** 移动 **(移动光标,即可完成对象的移动)

指定移动点或[基点(B)/复制(C)/放弃(U)/退出(X)]:正在重生成模型。

完成命令操作后,结果如图 6-45(c)所示。

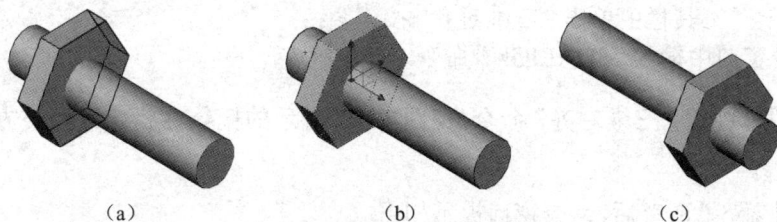

(a)　　　　　　　(b)　　　　　　　(c)

图 6-45　三维移动

2. 三维旋转

使用"三维旋转"命令,可以将所选择的三维对象沿指定的基点和旋转轴进行自由旋转。启用"三维旋转"命令有以下三种方式:

(1)选择"修改"|"三维操作"|"三维旋转"菜单命令;

(2)在"修改"工具栏中单击"三维旋转"按钮 ⊕ ;

(3)在命令窗口中输入"3DROTATE"命令。

例题 6-14 利用"三维旋转"命令,对绘制的三维图形进行旋转。

◆绘图步骤:

执行"三维旋转"命令后,命令窗口提示如下:

命令:_3drotate(执行"三维旋转"命令)

UCS 当前的正角方向：ANGDIR ＝ 逆时针　ANGBASE ＝ 0

选择对象：找到 1 个［单击要旋转的对象，如图 6-46（a）所示］

选择对象：（按 Enter 键结束选择）

指定基点：［将光标悬停在指定对象的坐标轴上，指定旋转基点，如图 6-46（b）所示］

** 旋转 **（移动光标，即可完成对象的旋转）

指定旋转角度或［基点（B）/复制（C）/放弃（U）/参照（R）/退出（X）］：正在重生成模型。

完成命令操作后，结果如图 6-46（c）所示。

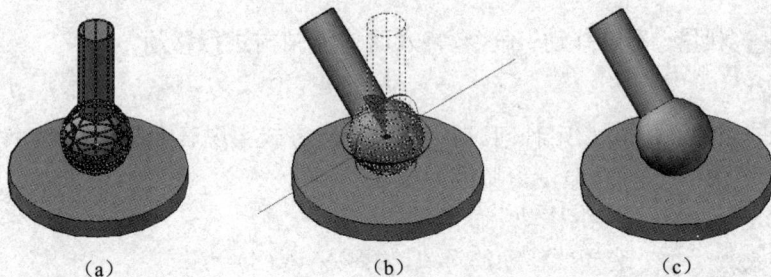

（a）　　　　　　　　　　（b）　　　　　　　　　　（c）

图 6-46　三维旋转

3. 三维对齐

使用"三维对齐"命令，可以通过移动、旋转一个实体使其与另一个实体对齐。在三维对齐的操作过程中，关键的是选择合适的源点与目标点。其中，源点是在被移动、旋转的对象上选择，目标点是在相对不动、作为放置参照的对象上选择。启用"三维对齐"命令有如下三种方式：

（1）选择"修改"|"三维操作"|"三维对齐"菜单命令；

（2）在"修改"工具栏中单击"三维对齐"按钮 ；

（3）在命令窗口中输入"3DALIGN"命令。

例题 6-15 利用"三维对齐"命令，使图 6-47 所示的楔体在指定点和长方体对齐。

◆绘图步骤：

启用"三维对齐"命令后，命令窗口提示如下：

命令：_3dalign

选择对象：找到 1 个（选择楔体）

选择对象：（按 Enter 键结束选择）

指定源平面和方向 …

指定基点或［复制（C）］：（选择楔体上的点 1）

指定第二个点或［继续（C）］＜C＞：（选择楔体上的点 2）

指定第三个点或［继续（C）］＜C＞：（选择楔体上的点 3）

指定目标平面和方向 …

指定第一个目标点：（选择长方体上的点 1）

指定第二个目标点或［退出（X）］＜X＞：（选择长方体上的点 2）

指定第三个目标点或［退出（X）］＜X＞：（选择长方体上的点 3）

完成命令操作后，模型如图 6-47（b）所示。

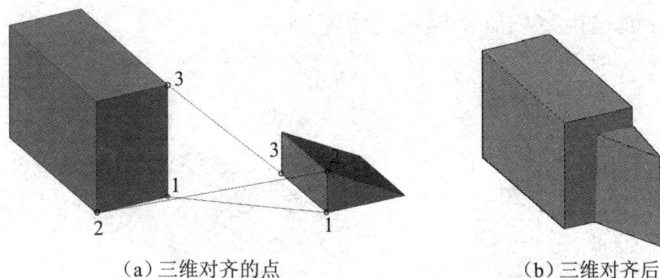

（a）三维对齐的点　　　　　　　（b）三维对齐后

图 6-47　三维对齐

4. 三维镜像

使用"三维镜像"命令,能够通过镜像平面创建与三维对象完全相同的对象。其中,镜像平面可以是与当前 UCS 的 *XY*、*YZ* 或 *ZX* 平面平行的平面或由三个指定点定义的任意平面。启用"三维镜像"命令有如下三种方式:

（1）选择"修改"|"三维操作"|"三维镜像"菜单命令;

（2）在"修改"工具栏中单击"三维镜像"按钮 %;

（3）在命令窗口中输入"MIRROR3D"命令。

例题 6-16　利用"三维镜像"命令,对图 6-48（a）所示的模型进行镜像操作。

◆绘图步骤:

启用"三维镜像"命令后,命令窗口提示如下:

命令:_mirror3d

选择对象:(选择模型)

指定镜像平面(三点)的第一个点或［对象(O)/最近的(L)/Z 轴(Z)/视图(V)/XY 平面(XY)/YZ 平面(YZ)/ZX 平面(ZX)/三点(3)］<三点>:(选择模型右侧面上第一点)

在镜像平面上指定第二点:(选择模型右侧面上第二点)

在镜像平面上指定第三点:(选择模型右侧面上第三点)

是否删除源对象?［是(Y)/否(N)］<否>:(按 Enter 键结束)

完成命令操作后,模型如图 6-48（b）所示。

其中各参数的含义如下:

◎"对象"选项:将所选对象(圆、圆弧或多段线等)所在的平面作为镜像平面。

◎"最近的"选项:使用上一次镜像操作中使用的镜像平面作为本次操作的镜像平面。

◎"Z 轴"选项:依次选择两点,系统会自动将两点的连线作为镜像平面的法线,同时镜像平面通过所选的第一点。

◎"视图"选项:选择一点,系统会自动将通过该点且与当前视图平面平行的平面作为镜像平面。

◎"XY 平面"选项:选择一点,系统会自动将通过该点且与当前坐标系的 *XY* 平面平行的平面作为镜像平面。

◎"YZ 平面"选项:选择一点,系统会自动将通过该点且与当前坐标系的 *YZ* 平面平行的平面作为镜像平面。

◎"ZX 平面"选项:选择一点,系统会自动将通过该点且与当前坐标系的 *ZX* 平面平行的平面作为镜像平面。

◎ "三点"选项:通过指定三点来确定镜像平面。

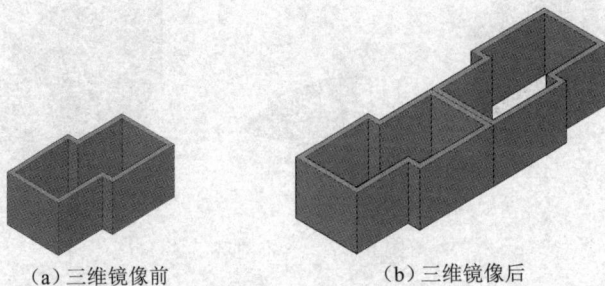

（a）三维镜像前　　　　　　　　（b）三维镜像后

图 6-48　三维镜像

5. 三维阵列

使用"三维阵列"命令,用户可以在三维空间中按矩形阵列或环形阵列的方式,创建指定对象的多个副本。实施三维阵列,可指定行列数和间距,还可指定层数和层间距。注意:在指定阵列间距时若输入正值,将沿 *X*、*Y*、*Z* 轴的正方向生成阵列;若输入负值,将沿 *X*、*Y*、*Z* 轴的负方向生成阵列。启用"三维阵列"命令有如下两种方式:

（1）选择"修改"|"三维操作"|"三维阵列"菜单命令;

（2）在命令窗口中输入"3DARRAY"命令。

例题 6-17　利用"三维阵列"命令,对图 6-49（a）所示的边长 10 mm 的立方体对象实施矩形阵列。

◆绘图步骤:

执行"三维阵列"命令后,命令窗口提示如下:

命令:_3darray

选择对象:指定对角点:找到 1 个（选择小立方体作为阵列对象）

选择对象:（按 Enter 键结束选择）

输入阵列类型［矩形（R）/环形（P）］＜矩形＞:r（输入"r"选择"矩形"选项）

输入行数（ --- ）＜ 1 ＞:4（输入行数）

输入列数（‖‖）＜ 1 ＞:4（输入列数）

输入层数（ ... ）＜ 1 ＞:4（输入层数）

指定行间距（ --- ）:24（输入行间距）

指定列间距（‖‖）:24（输入列间距）

指定层间距（ ... ）:24（输入层间距）

完成命令操作后,三维阵列结果如图 6-49（b）所示。

6. 干涉检查

干涉检查用来检查两个或者多个三维实体的公共部分的复合实体。在装配过程中,模型与模型之间的公共复合实体可能存在干涉现象,因而需要进行干涉检查操作。启用"干涉检查"命令有如下三种方式:

（1）选择"修改"|"三维操作"|"干涉检查"菜单命令;

（2）在"实体编辑"工具栏中单击"干涉检查"按钮 ⬛;

（3）在命令窗口中输入"INTERFERE"命令。

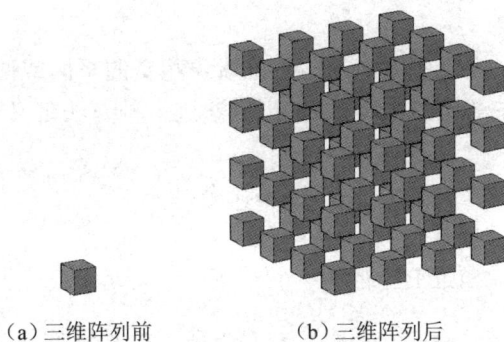

（a）三维阵列前　　　　（b）三维阵列后

图 6-49　三维阵列

例题 6-18 利用"干涉检查"命令，对图 6-50（a）所示三维图形进行干涉检查。

◆绘图步骤：

执行"干涉检查"命令后，命令窗口提示如下：

命令：_interfere（执行"干涉检查"命令）

选择第一组对象或［嵌套选择（N）/设置（S）］:找到 1 个（选择第一组对象）

选择第一组对象或［嵌套选择（N）/设置（S）］:（按 Enter 键结束选择）

选择第二组对象或［嵌套选择（N）/检查第一组（K）］<检查>:找到 1 个（选择第二组对象）

选择第二组对象或［嵌套选择（N）/检查第一组（K）］<检查>:（按 Enter 键结束选择）

完成命令操作后，结果如图 6-50（b）所示，图中亮显部分即为两个矩形相交的部分。在显示检查效果的同时，将会打开"干涉检查"对话框，如图 6-51 所示。

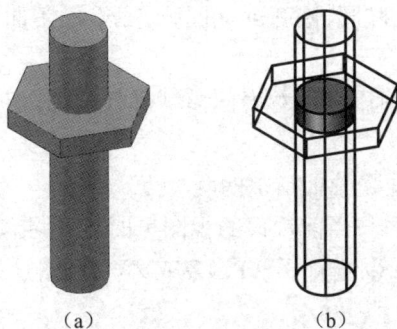

（a）　　　　（b）

图 6-50　干涉检查

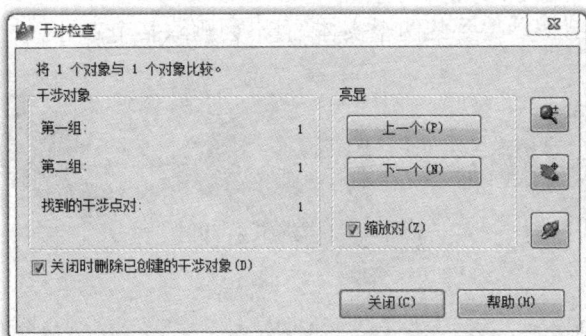

图 6-51　"干涉检查"对话框

7. 剖切

使用"剖切"命令,用户可以使用一个与三维对象相交的平面或曲面,将一组实体分成两部分或去掉其中的一部分。在剖切三维实体时,可以通过多种方法定义剖切平面,启用"剖切"命令有如下三种方式:

（1）选择"修改"|"三维操作"|"剖切"菜单命令;

（2）在"修改"工具栏中单击"剖切"按钮 ;

（3）在命令窗口中输入"SLICE"命令。

例题 6-19 使用"剖切"命令,对图 6-52（a）所示的轴承底座进行剖切。

◆绘图步骤:

在命令执行过程中,应注意灵活运用指定切面的多种方法。

执行"剖切"命令后,命令窗口提示如下:

命令:_slice（执行"剖切"命令）

选择要剖切的对象:找到 1 个（选择对象）

选择要剖切的对象:（按 Enter 键结束选择）

指定切面的起点或[平面对象（O）/曲面（S）/Z 轴（Z）/视图（V）/XY（XY）/YZ（YZ）/ZX（ZX）/三点(3)]＜三点＞:zx（选择平行于 ZX 平面的平面作为剖切面）

指定 ZX 平面上的点＜0,0,0＞:10（选择离后侧面距离为"10"）

在所需的侧面上指定点或[保留两个侧面（B）]＜保留两个侧面＞:b（选择保留两个侧面）

完成命令操作后,实体如图 6-52（b）所示,分开剖切后的两部分结果,如图 6-52（c）所示。

其中各参数的含义如下:

◎"平面对象"选项:用圆、椭圆、圆弧或椭圆弧、二维样条曲线或二维多段线等对象所在的平面作为剖切平面。

◎"曲面"选项:选择该选项后可以对表面模型进行剖切,但旋转网格、平移网格、直纹网格和边界网格不能进行剖切。

◎"Z 轴"选项:剖切平面过 Z 轴上指定的两个点。

◎"视图"选项:将剖切平面与当前视口的视图平面对齐,指定点可定义剖切平面的位置。

◎"XY""YZ""ZX"选项:以平行于 XY、YZ 或 ZX 平面的一个平面作为剖切平面,需指定一个点来确定剖切平面的位置。

◎"三点"选项:用三个点的方式确定剖切平面。

◎"保留两个侧面"选项:默认情况下,指定某侧后,另一侧剖切得到的实体将被删除,而选择该选项则会同时保留剖切后得到的两个实体,而不会删除某个部分。

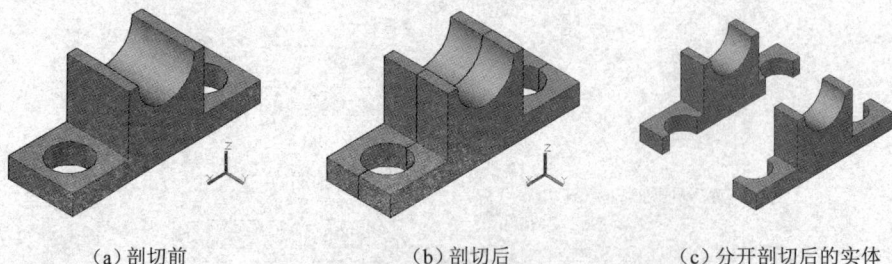

（a）剖切前   （b）剖切后   （c）分开剖切后的实体

图 6-52　剖切

二、编辑实体

1. 并集运算

三维对象的布尔运算用于确定建模过程中多个对象之间的组合关系。布尔运算包括并集、差集和交集三个基本运算方式。

使用"并集"命令可以将两个或多个三维实体、曲面或面域合并为一个组合三维实体、曲面或面域。在使用该命令时,必须选择类型相同的对象进行合并。启用"并集"命令有如下三种方式:

(1)选择"修改"|"实体编辑"|"并集"菜单命令;

(2)在"实体编辑"工具栏中单击"并集"按钮 ；

(3)在命令窗口中输入"UNION"命令。

例题 6-20 利用"并集"命令,将图 6-53(a)所示的圆柱体和六面体组合为一体。

◆绘图步骤:

执行"并集"命令后,命令窗口提示如下:

命令:_union

选择对象:找到 1 个(选择圆柱体)

选择对象:找到 1 个,总计 2 个(选择六面体,按 Enter 键结束选择)

完成"并集"命令操作后,两个实体成为一个实体,如图 6-53(b)所示。

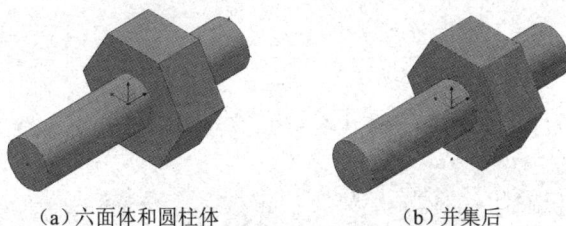

（a）六面体和圆柱体　　　　　　　（b）并集后

图 6-53　并集运算

2. 差集运算

使用"差集"命令,可以从第一个选择集中的对象中减去第二个选择集中的对象,即创建一个新的三维实体、曲面或面域。启用"差集"命令有如下三种方式:

(1)选择"修改"|"实体编辑"|"差集"菜单命令;

(2)在"实体编辑"工具栏中单击"差集"按钮 ；

(3)在命令窗口中输入"SUBTRACT"命令。

例题 6-21 利用"差集"命令,从图 6-53(a)所示的六面体中减去圆柱体。

◆绘图步骤:

执行"差集"命令后,命令窗口提示如下:

命令:_subtract 选择要从中减去的实体、曲面和面域 …

选择对象:找到 1 个(选择六面体,按 Enter 键结束选择)

选择对象:选择要减去的实体、曲面和面域 …

选择对象:找到 1 个(选择圆柱体,按 Enter 键结束选择)

完成"差集"命令操作后,实体如图6-54(a)所示。

提示:若"从中减去的实体、曲面和面域"选择圆柱体,"要减去的实体、曲面和面域"选择六面体,"差集"命令操作结果将如图6-54(b)所示。

　　　（a）减圆柱体后的实体　　　　　　（b）减六面体后的实体

图6-54　差集运算

3. 交集运算

使用"交集"命令可以从两个或两个以上现有的三维实体、曲面或面域的公共部分取得三维实体。启用"交集"命令有如下三种方式:

(1)选择"修改"|"实体编辑"|"交集"菜单命令;

(2)在"实体编辑"工具栏中单击"交集"按钮⬭;

(3)在命令窗口中输入"INTERSECT"命令。

例题 6-22 利用"交集"命令,从图6-55(a)所示的圆柱体和六面体的相交部分取得实体。

◆绘图步骤:

执行"差集"命令后,命令窗口提示如下:

命令:_intersect

选择对象:找到1个(选择六面体)

选择对象:找到1个,总计2个(选择圆柱体)

完成命令操作后,实体如图6-55(b)所示。

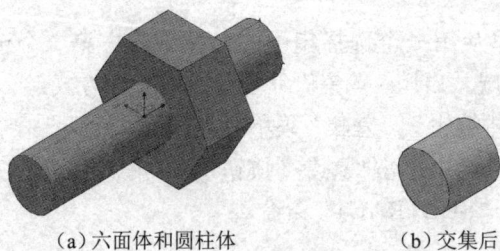

　　　（a）六面体和圆柱体　　　　　　（b）交集后

图6-55　交集运算

4. 倒角边

使用"倒角边"命令,用户可以为三维对象添加倒角特征。启用"倒角边"命令有如下三种方式:

(1)选择"修改"|"实体编辑"|"倒角边"菜单命令;

(2)在"实体编辑"工具栏中单击"倒角边"按钮⬡;

（3）在命令窗口中输入"CHAMFEREDGE"命令。

例题 6-23 使用"倒角边"命令，对图 6-56（a）所示的阶梯轴进行倒角处理。

◆绘图步骤：

执行"倒角边"命令后，命令窗口提示如下：

命令：_chamferedge 距离 1 = 1.0000，距离 2 = 1.0000

选择一条边或［环（L）/ 距离（D）］：d（选择圆环边）

选择同一个面上的其他边或［环（L）/ 距离（D）］：（按 Enter 键确认）

按 Enter 键接受倒角或［距离（D）］：d（修改倒角距离）

指定基面倒角距离或［表达式（E）］< 1.5000 >：

指定其他曲面倒角距离或［表达式（E）］< 1.5000 >：

按 Enter 键接受倒角或［距离（D）］：（按 Enter 键完成命令操作）

完成命令操作后，结果如图 6-56（b）所示。

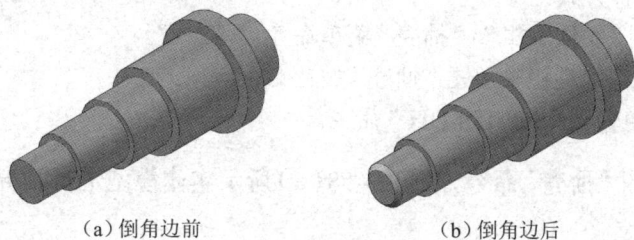

（a）倒角边前　　　　　　　　　　　　　（b）倒角边后

图 6-56　倒角边

5. 圆角边

使用"圆角边"命令，用户可以为三维对象添加圆角特征。启用"圆角边"命令有如下三种方式：

（1）选择"修改"|"实体编辑"|"圆角边"菜单命令；

（2）在"实体编辑"工具栏中单击"圆角边"按钮 ；

（3）在命令窗口中输入"FILLETEDGE"命令。

例题 6-24 利用"圆角边"命令，对图 6-57（a）所示的实体模型进行圆角处理。

◆绘图步骤：

执行"圆角边"命令后，命令窗口提示如下：

命令：_filletedge

半径 = 1.0000

选择边或［链（C）/ 环（L）/ 半径（R）］：r（修改圆角半径）

输入圆角半径或［表达式（E）］< 1.0000 >：8

选择边或［链（C）/ 环（L）/ 半径（R）］：（选择顶面圆环边）

选择边或［链（C）/ 环（L）/ 半径（R）］：（按 Enter 键完成选择）

已选定 1 个边用于圆角。

按 Enter 键接受圆角或［半径（R）］：（按 Enter 键完成命令操作）

同样的方法设置圆柱体圆环边的圆角半径为 10，完成"圆角边"命令操作后，结果如图 6-57

（b）所示。

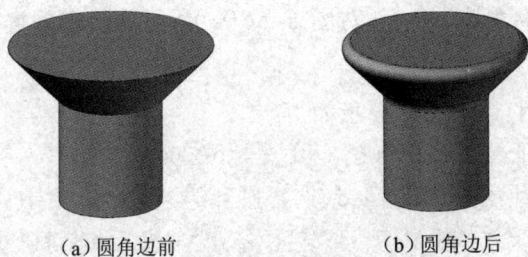

（a）圆角边前　　　　　　　　（b）圆角边后

图 6-57　圆角边

6. 抽壳

使用"抽壳"命令,用户可以从实体内部挖去一部分,形成内部中空或凹坑的薄壁实体结构。用户可以为所有面指定一个固定的薄层厚度,通过选择面可以将这些面排除在壳外。启用"抽壳"命令有如下三种方式:

（1）选择"修改"|"实体编辑"|"抽壳"菜单命令;

（2）在"实体编辑"工具栏中单击"抽壳"按钮🔲;

（3）在命令窗口中输入"SOLIDEDIT"命令。

例题 6-25 使用"抽壳"命令,对图 6-58（a）所示实体模型进行抽壳。

◆绘图步骤:

执行"抽壳"命令后,命令窗口提示如下:

命令:_solidedit

实体编辑自动检查:SOLIDCHECK = 1

输入实体编辑选项［面(F) / 边(E) / 体(B) / 放弃(U) / 退出(X)］<退出>:_body（自动选择"体"选项）

输入体编辑选项［压印(I) / 分割实体(P) / 抽壳(S) / 清除(L) / 检查(C) / 放弃(U) / 退出(X)］<退出>:_shell（执行"抽壳"命令）

选择三维实体:（单击要进行抽壳的实体对象）

删除面或［放弃(U) / 添加(A) / 全部(ALL)］:找到一个面,已删除 1 个。（单击抽壳要删除的面）

删除面或［放弃(U) / 添加(A) / 全部(ALL)］:（按 Enter 键完成删除面的选择）

输入抽壳偏移距离:20（指定偏移距离）

已开始实体校验。

已完成实体校验。

输入体编辑选项［压印(I) / 分割实体(P) / 抽壳(S) / 清除(L) / 检查(C) / 放弃(U) / 退出(X)］<退出>:

实体编辑自动检查:SOLIDCHECK = 1

完成命令操作后,结果如图 6-58（b）所示。用户在设置偏移距离时,若设为正值,则创建实体周长内部的抽壳;若设为负值,则创建实体周长外部的抽壳。

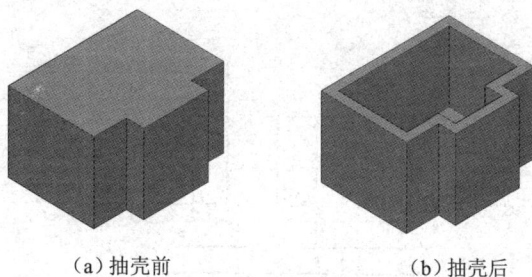

（a）抽壳前　　　　　　　　　（b）抽壳后

图 6-58　抽壳

提示：壳体厚度值可为正值或负值。当厚度值为正值时，实体表面向内偏移形成壳体；当厚度值为负值时，实体表面向外偏移形成壳体。

练习题6-2

1.绘制图 6-59 所示的实体模型。

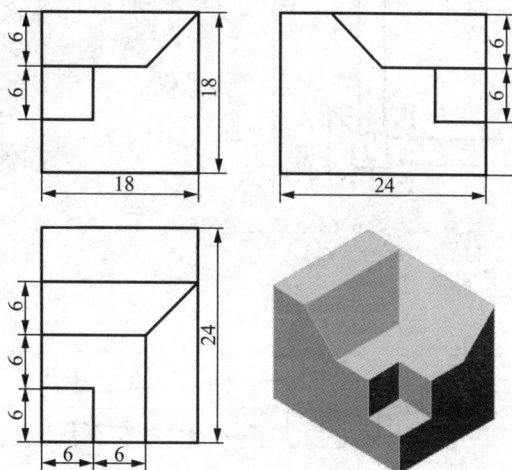

图 6-59　练习题 6-2（1）

2.绘制图 6-60 所示的实体模型。

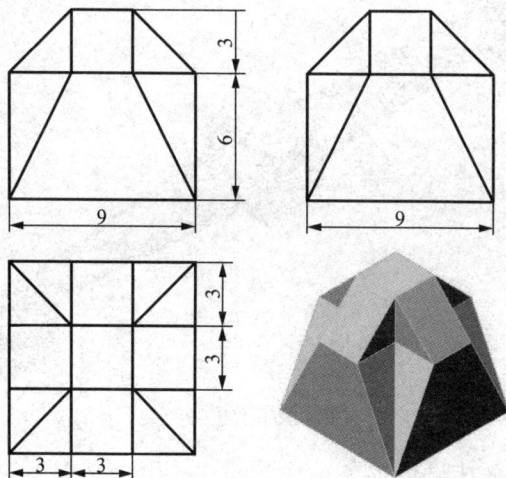

图 6-60　练习题 6-2（2）

3. 绘制图 6-61 所示的实体模型。

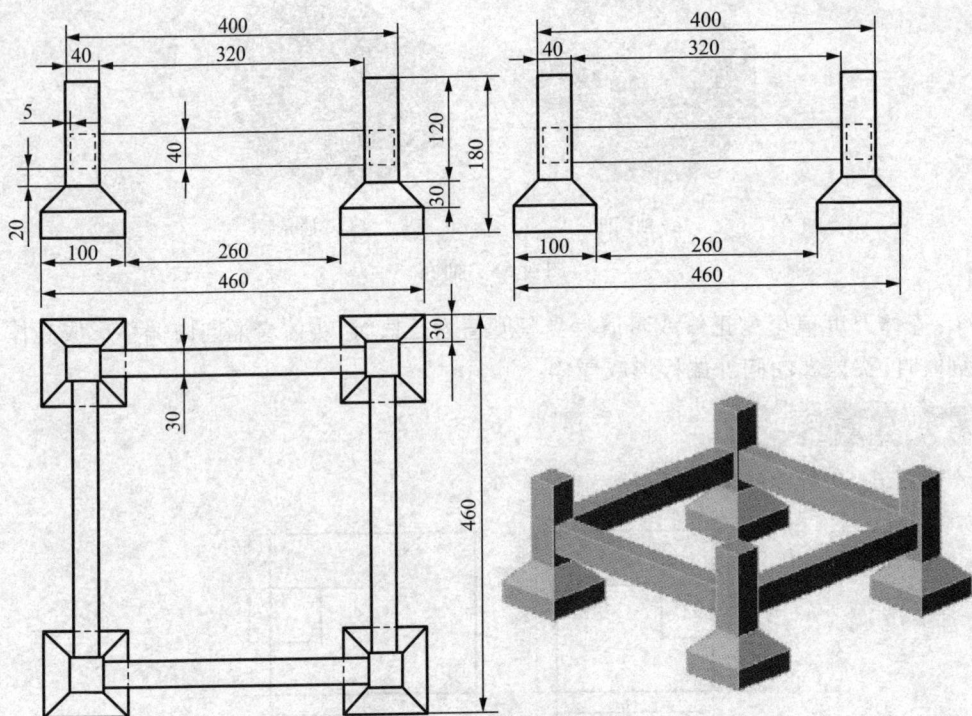

图 6-61　练习题 6-2（3）

4. 绘制图 6-62 所示的实体模型。

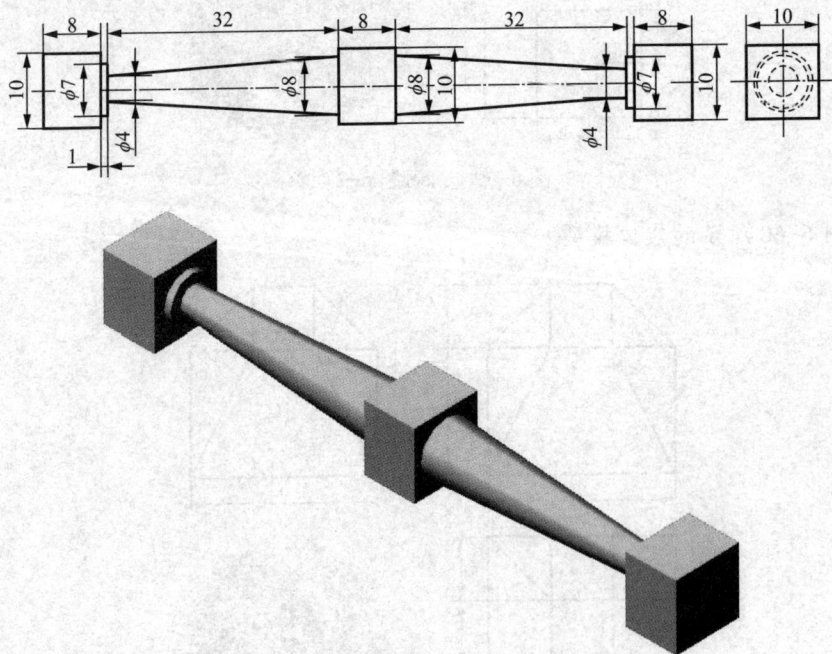

图 6-62　练习题 6-2（4）

5. 绘制图 6-63 所示的实体模型。

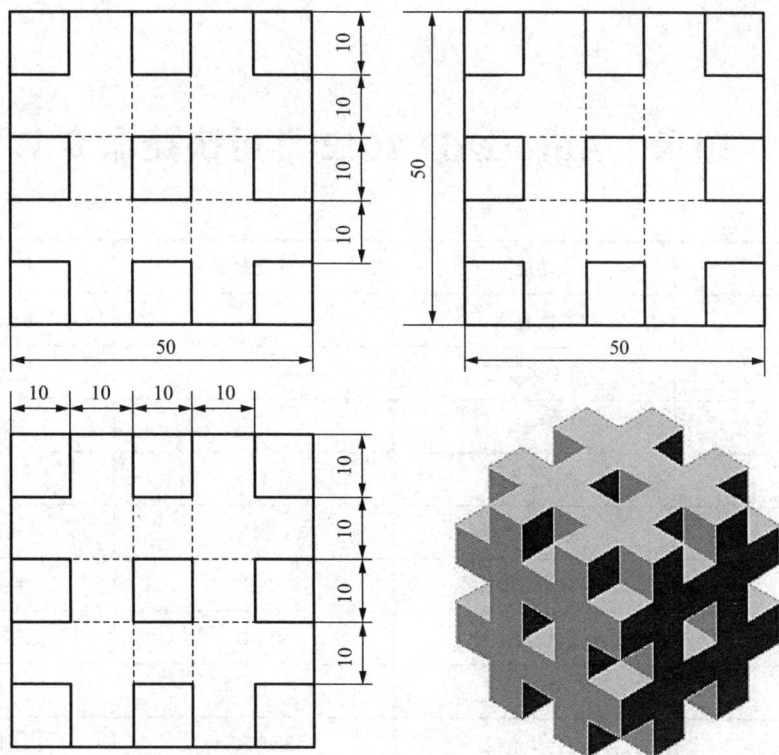

图 6-63 练习题 6-2（5）

6.绘制图 6-64 所示的实体模型。

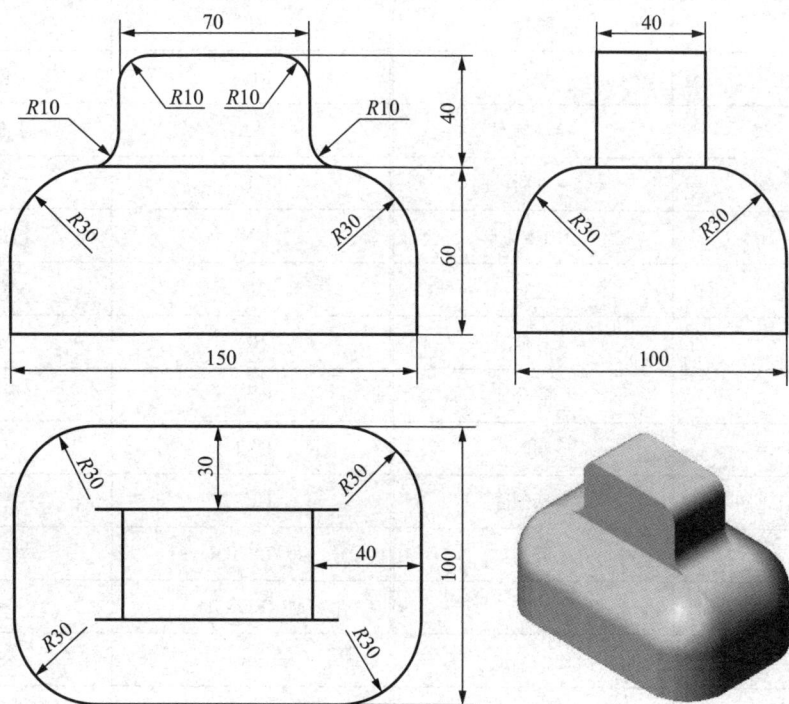

图 6-64 练习题 6-2（6）

附录 AutoCAD 2012 常用快捷命令

快捷命令	功能	快捷命令	功能
L	绘制直线	B	创建内部图块
PL	绘制多段线	W	创建外部图块
U 回车（或 Ctrl+Z 键）	后退	I	插入图块
D	修改、调整	LA	图层管理
REC	绘制矩形	MA	吸管加喷枪
C	绘制圆	PAR	绘制平行线
TR	修剪	FRO	正交偏移捕捉
O	偏移	PO	绘制点
XL	绘制构造线	SKETCH	徒手画线
X	分解	DO	绘制圆环
CO	复制	RAY	绘制射线
M	移动	AL	对齐
MI	镜像	REG	创建面域
EL	绘制椭圆	AA	求面积和周长
BR	打断	SU	差集运算
POL	绘制多边形	UNI	并集运算
LEN	拉长	IN	交集运算
S	拉伸	BO	提取轮廓
ME	等分	REV	二维旋转成三维
E	删除	EXT	三维拉伸
E 回车＋ALL 回车	全部删除	UCS	三维坐标
AR	阵列	ROTATE3D	三维旋转
RO	旋转	MIRROR3D	三维镜像
SC	比例缩放	3A	三维阵列
END	捕捉端点	SURFTAB	曲面网格
MID	捕捉中点	TXTEXP	分解文字

续表

快捷命令	功能	快捷命令	功能
PER	捕捉垂足	Ctrl + 1 键	修改特性
INT	捕捉交足	Ctrl + 2 键	打开设计中心
CEN	捕捉圆心	Ctrl + O 键	打开文件
QUA	捕捉象限点	Ctrl + N 键	新建文件
TAN	捕捉切点	Ctrl + P 键	打印文件
NOD	捕捉节点	Ctrl + S 键	保存文件
SPL	绘制样条曲线	Ctrl + Z 键	放弃
PE	编辑多段线	Ctrl + X 键	剪切
DIV	块等分	Ctrl + C 键	复制
F	创建圆角	Ctrl + V 键	粘贴
CHA	创建倒角	Ctrl + B 键	栅格捕捉
ST	文字样式	Ctrl + F 键	对象捕捉
DT	单行文字	Ctrl + G 键	栅格显示
T	多行文字	Ctrl + L 键	正交模式
ED	编辑文字	Ctrl + W 键	对象追踪
A	绘制圆弧	Ctrl + U 键	极轴模式
H	填充	Ctrl + Tab 键	窗口切换
HE	编辑填充		

参 考 文 献

[1] 田凌. 机械制图 [M]. 北京:清华大学出版社,2013.

[2] 唐建成. 机械制图及 CAD 基础 [M]. 北京:北京理工大学出版社,2013.

[3] 马义荣. 工程制图及 CAD[M]. 北京:机械工业出版社,2011.

[4] 杨雪春. 工程制图 [M]. 东营:中国石油大学出版社,2017.

[5] 焦永和,叶玉驹,张彤. 机械制图手册 [M]. 北京:机械工业出版社,2012.